전국에는 3만 5000개가 넘는 자연마을이 있다.

농촌관광으로 소득을 올리는 마을은 1300여 개.

그 중 이 책에 소개된 성공사례 마을은 40개.

아직도 많은 마을이 기다리고 있다. 갈 길이 멀다.

농촌마을,
사람이
모이게 하라

일러두기

이 책에 실린 글과 사진의 출처는 2014~2019년 농민신문사가 발간하는 월간 농업전문지 〈디지털농업〉에 연재된 '마을 현장 컨설팅' 및 '마을이 살아 있다' 기사입니다.
잡지 기사를 단행본에 맞게 편집하는 과정에서 일부 내용을 삭제 또는 보충했으며, 책 발간 시점에 맞추어 세부적인 사항을 수정하기도 했으나, 전체적인 내용은 달라지지 않았습니다.
취재원의 소속과 직함, 사업 실시 연도와 마을 방문객 수 같은 세부적인 수치는 대부분 취재 당시 그대로 실었으며, 매 꼭지 마지막에 게재 연월을 밝혀 참고할 수 있게 했습니다.

新성장 6차 산업 지침서

농촌마을, 사람이 모이게 하라

김용기 지음

농민신문사

강원 철원 동송읍 뚜루뚜루 철새마을

추천사

농촌관광 전문가의 명쾌한 처방

그간에 농촌관광개발을 위한 다양한 정책이 농촌마을에 적용되었다. 그 과정에서 수많은 자칭 타칭 전문가가 참여하고 투입된 재원도 상당하다. 그러나 성공하였다고 내세울 수 있는 마을은 많지 않다. 여러 가지 원인이 있겠지만, 그 원인을 규명하고 보완하는 작업은 제대로 이루어졌다고 보기 어렵다.

이러한 때, 그간의 농촌관광마을 개발 과정에 적극적으로 참여한 한 전문가가 자신이 발로 뛰면서 지도해온 마을에 대한 보고서를 발간한다는 이야기를 듣고 무척 반가웠다. 주된 내용은 마을을 개발하는 과정에서 '이렇게 진단하고 처방을 내려주었다'는 보고서다. 우선 그의 용기를 높게 평가하고, 달게 질책을 받겠다는 전문가로서의 자세에 점수를 후하게 주고 싶다.

김용기 관광학 박사는 19년에 걸쳐 농민신문 기자 생활을 하면서 여러 농촌마을을 취재·보도하였고, 그 후 농민신문사 농산업발전연구소를 총괄하면서 본격적으로 농촌마을개발 컨설팅을 하며 많은 마을개발 프로젝트를 수행한 바 있다. 그리고 농촌사랑지도자연수원 교수 생활을 하면서 농촌관광 성공 사례를 소개하는 역할을 해왔다.

이 책은 김 박사가 2014년부터 농민신문사의 농업전문지 <디지털농업>에 게재한 62개 마을 가운데서 40개 마을을 인문·행락·미관· 식농의 4가지 주제로 나눠 실었다. 본인이 직접 개발 과정을 컨설팅한 마을을 중심으로 선정했으며, 4가지 구분도 독자의 이해가 용이한 관점이 기준이 되었다고 하겠다. 나름대로 성공한 사례로 평가받고 있는 마을들인 만큼 독자들에게 상당히 도움이 될 것으로 보인다.

김 박사가 내린 마을 진단 내용은 간결하다. "마을의 고유한 이미지를 구축하라" "마을경관과 농작물을 소득자원화하라" "주변관광지와 연계하라" "인물의 가치를 선점하라" 등의 다양한 처방들 가운데서 3개씩 가려 제시한다. 물론 "마을의 고유이미지를 구축하라"는 것만 해도 간단한 한마디이지만, 그 내용을 마을 현장에 적용하기 위해서는 상당히 많은 부수적 사항에 대한 지도가 있었을 것이다. 아쉽게도 그러한 내용을 여기에 담기에는 한계가 있을 수밖에 없다는 점, 충분히 이해가 된다.

관심 가는 마을을 방문해보고, 관련되는 지식을 얻기 위해 노력하는 것은 독자들의 몫이다. 방문 후에 궁금한 구체적인 내용은 저자에게 문의하면 되겠다. 저자는 농촌관광에 대한 전문가일 뿐만 아니라, 농촌을 끔찍하게 사랑하는 마음을 가졌고 그것이 이 책에도 곳곳에 배어 있음을 본다. 독자들께서도 오랜 기자 생활로 한눈에 마을의 강점과 약점을 파악해 내는 저자의 예리함을 곳곳에서 확인할 수 있을 것이다.

2019년 11월

경기대학교 관광대학 명예교수 **박 석 희**

머리말

전통문화와 인문학의 보고
농촌마을 이야기를 만나다

농촌마을은 거대한 박물관과 같다. 아무리 대형 박물관이라 한들 인생을 담고, 역사를 담아낼 수 있을까? 농촌마을에는 이 땅에 살거나 살았던 사람들의 역사와 문화가 고스란히 녹아 있다.

어느 작은 마을, 한적한 골짜기를 지나도 사람과 자연의 이야기가 넘쳐난다. 작은 호기심에 이끌려 들어가면 수많은 이야기를 만나게 되는 곳이 농촌마을이다.

나는 농촌마을에서 태어났다. 산꼭대기 가장 윗집에서 어린 시절을 보낸 덕에 자연과도 친근했다. 여름철 소나기가 지나가고 난 뒤 발밑에 피어오르는 산안개를 밟으며 자랐다. 눈이 오면 산천이 하얗게 물드는 경이로운 자연의 모습을 늘 접했다.

그래서 아마도 농촌마을에 꽂혀 전국의 마을을 다닌 듯하다. 덕분에 어느 마을을 가든 쉽게 빠져나오기 힘들었다. 그 마을이 가지고 있는 자연, 그 속에 깃들어 있는 사람들의 삶의 이야기, 그리고 농촌이 가지고 있는 가치를 찾아 살려내려 힘쓰는 주민들을 만나고 그들의 이야기에 동화됐다.

요즘 농촌은 6차 산업이 화두다. 6차 산업을 꿈꾸지 않는 마을이 없을 정도다. 농촌하면 얼마 전까지만 해도 외갓집 이미지를 떠올렸지만 이제는 6차 산업의 대명사가 됐다. 그만큼 농촌을 경제적 관점에 비중을 두고 바라보는 측면이 강해졌다는 생각이 든다. 하지만 아무리 좋은 6차 산업이라 해도 농촌 본연의 환경을 고려하지 않으면 목적을 이뤄낼 수 없다.

농촌의 자연과 조화를 이룬 농경문화와 농촌다움의 정취가 밑바탕을 이룰 때 6차 산업도 자연스레 성공으로 연결될 수 있다. 농촌마을은 도시민들에게도 언젠가 돌아가야 할 고향집 같은 곳이라 농촌다움을 간직한 마을은 사람들의 관심에 늘 살아 있기 때문이다.

이 책에서는 농촌이 품고 있는 원초적인 자원에 집중했다. 사람이 가지고 있는 오감을 만족시킬 수 있는 자원을 찾아내는 데 관심을 기울였다.

우선은 자연이 주는 아름다움을 잘 활용하는 마을들을 들여다봤다. 자연의 아름다움은 참으로 경이롭고 사람들에게 전해주는 감동이 아주 크다. 그 아름다움을 잘 활용하는 마을주민들의 노력을 담아내는 데 집중했다.

농경문화를 잘 간직하고 있는 마을들도 조명했다. 급속한 산업화의 여파로 불과 30년 전의 모습을 간직하고 있는 마을도 찾아보기 힘든 시대다. 그럼에도 불구하고 수백 년의 전통 문화를 간직하고 있는 마을들이 꽤 많이 있다. 이 마을들 안에서 여러 불편함에도 아랑곳없이 자신들의 문화를 지키려 애쓰는 농촌마을 사람들을 만났다. 문화를 보여주고 보존하려는 그들의 힘겨운 노력을 책에 담아내려 애썼다.

그리고 먹을거리다. 요즘처럼 먹을거리의 중요성이 강조되고 있는 때도 유사 이래 없을 듯하다. 수많은 먹을거리의 홍수 속에서 진실하고 정성이 담긴 먹거리를 생산하고 있는 현장을 보았다. 단순히 먹을거리를 생산하기보다는 철학과 자부심을 가지고 농산물을 생산하고, 색다른 방법으로 가공하여 자기만의 판로를 개척하려 애쓰는 마을과 사람들의 이야기를 들었다.

그다음이 사람들의 이야기다. 어느 학자는 사람들이 살아온 흔적을 연구하는 것이 인문학(人文學)이라고 설명하기도 한다. 농촌은 이런 인문학의 보고다. 구석구석 어디를 가나 사람들의 흔적이 남아 있다. 다만 아쉬운 것은 빠르게 사라져 가는 사람들의 이야기를 보존하려는 노력이 많지 않다는 점이다. 농촌마을에 남아 있는 인문의 흔적을 찾아 보존하고 활용하고 있는 마을들을 방문했다. 그들이 가지고 있는 인문학적 요소를 소개하려고 애썼다.

이 책에 나오는 40편의 이야기는 결국 지금 우리 농촌마을 사람들이 살아가고 있는 진솔한 모습이다. 전국에는 3만 5000여 개의 자연마을이 있다. 이 가운데 농촌관광과 6차 산업을 통해 농외소득을 올리는 마을이 1300여 개에 이른다. 아직은 기회를 잡지 못하고 있는 마을이 훨씬 더 많은 게 현실이다.

이 책은 농촌관광과 농업의 6차산업화에 한 발자국 앞서가고 있는 마을들을 소개하고 보다 많은 여러 마을을 선도하려는 의도로 기획됐다. 각박한 도시생활에서 벗어나 농촌에서 여유를 즐기며 건강에 좋은 농산물을 구입하려는 도시민들의 변화된 의식에 힘입어 농촌관광을 시작하는 농촌마을에 도움이 되었으면 한다.

끝으로 이 책을 발간하기까지 도움을 주신 분들에게 감사한다. 기회가 될 때마다 전국의 마을을 함께 다니며 힘을 보태준 농협의 도농협동연수원 교수님들, 전국에 흩어져 마을 발전을 위해 노력하시는 농업인 수료생들의 도움이 많았다. 휴일인 토요일을 이용해 마을을 취재하느라 귀중한 시간을 내주며 고생한 아자스튜디오 사진가들에게도 고마움을 전한다. 무엇보다도 농촌마을에서 바쁘게 농사일을 하면서도 기꺼이 취재에 응해주신 마을지도자와 주민들에게 진심 어린 감사의 마음을 전한다.

2019년 11월

농어촌개발컨설턴트 김 용 기

제1부
人+文…

이야기가
있는
농촌마을

차례

제2부
行+樂…

즐거움이 가득한 농촌마을

제3부
美+觀…
사시사철 아름다운 농촌마을

제4부
食+農…
맛있고 향기로운 농촌마을

인문학적 상상력과 농촌관광이 만나면
어떤 재미난 일이 생길까
인물 · 역사 · 문화적 콘텐츠로
새롭게 태어난 농촌마을 10곳
그곳에 깃든 선조의 숨결은 물론
오늘을 일구는 마을 일꾼의 땀방울까지

제1부	제2부	제3부	제4부
人+文 … 이야기가 있는 농촌마을	行+樂… 즐거움이 가득한 농촌마을	美+觀… 사시사철 아름다운 농촌마을	食+農… 맛있고 향기로운 농촌마을

제1부

이야기가 있는 농촌마을

人文

1

강원 영월
무릉도원면 학산천마을

역사의 숨결과 아름다운 경관 상품화

오랜 역사와 비경을 간직한 채 세월 속에 묻혀 있던 오지마을이 침묵에서 깨어나려는 기지개를 시작했다. 680여 년 전 고려 말 학자인 운곡 원천석 선생이 조선의 태종 이방원의 부름을 피해 숨어 살던 곳, 강원 영월 수주면 운학리 학산천마을이 도농교류를 준비하고 있다.

'흥망(興亡)이 유수(有數)하니 만월대(滿月臺)도 추초(秋草)로다'로 시작하는 회고가의 저자인 운곡 원천석(1330~?) 선생은 강원 횡성 강림면 태종대에 직접 내려와 자신을 찾는 왕을 피해 학산천마을의 도안지로 몸을 숨겼다. 동네 사람들에게 '도란지'로 불렸던 이곳은 해발 600~700m의 고봉들 사이로 형성된 깊은 계곡을 맑은 서마니강이 굽이쳐 흐르며 절경을 만들어낸다.

강물에 깎이고 세월이 쌓여 형성된 기암괴석과 흰 모래톱 사이로 미끄러지듯 흐르는 강물과 여름철의 푸름, 가을철의 단풍, 겨울철의 흰 눈이 어우러지며 자아내는 풍광은 잊지 못할 아름다움을 선사한다. 그러나 최근 도안지가 외지인에 팔려 자연이 훼손되고 있어 안타깝다.

도안지길을 따라 서마니강가에 이르면 일명 '영춘께'로 불리는 여울목이 있는데, 근대 역사를 간직한 곳이다. 이 마을에 살면서 무관(武官)으로 주천만세운동 등 일본에 맞서 독립운동을 했던 소람 김홍섭(1874~?) 선생이 일본군의 추격을 피해 한걸음에 건너뛰었다는 이야기가 전해진다. 소람 선생이 살았던 덕은골 앞산 꽂대봉에서는 일제가 민족정기를 말살하려고 박아놓은 쇠말뚝이 발견됐다.

학산천마을의 상징인 도안지는 최근까지도 수많은 사람이 드나들던 고갯길의 쉼터이기도 했다. 과거 영월 수주면에 속해 있던 강림면 사람들이 면 소재지에 가거나 추천장을 보기 위해 등자치고개와 노루목재를 넘어 도안지

1.운곡 원천석 선생이 조선의 3대 임금 태종의 부름을 피해 몸을 숨겼던 도안지의 가을 풍경. 2.1934년에 문을 열어 고색창연한 운학 분교장. 3.학산천마을 서각동아리 회원들이 마을현판을 만들고 있다.

에서 잠시 숨을 고르고 운학리를 거쳐 주천으로 향했다. 역으로 강림장이 서면 운학리와 두산리 사람들이 강림재(도안지길)를 거쳐 영춘께를 지나 강림 장을 보곤 했으나 1970년대 중반 신작로가 생기면서 고갯길이 사라져 도안지는 사람들의 기억 속에서 잊혀졌다.

81년 된 분교 리모델링, 역사 마을 랜드마크

학산천마을 부녀 회원들이 운학천변에 개설한 '정앤미소'에서 감자부침개를 만들어 팔고 있다.

운학마을의 또 하나의 상징은 운학 분교장이다. 학생이 없어 2000년에 폐교된 운학 분교장은 수주면에서는 소재지보다도 먼저인 1934년에 문을 열어 81년의 역사를 간직한 고색창연한 마을의 보물이다. 폐교된 뒤 개인에게 임대됐던 운학 분교장은 마을 주민의 지속적인 요청으로 올해 영월교육지원청으로부터 마을에 무상 임대됐다.

마을 주민들은 짚을 섞은 흙벽돌과 목재만으로 지어진 전통 건물인 운학 분교의 외형을 그대로 유지하면서 안전하게 리모델링해 마을의 문화 복지와 도농교류센터로 활용할 계획이다. 해발 953m의 구룡산 등산로 입구에 있어 연중 등산객의 방문이 잦은 점을 활용해 마을 도농교류 사업의 중심지로도 개발할 생각이다.

도농교류 첫 사업으로 강원도의 새농어촌건설운동에 참여하고 있는 학산천마을은 역사적 가치와 아름답고 깨끗한 자연환경을 이용해 휴양과 안전한 먹을거리가 있는 전원마을을 꿈꾸고 있다. 지난해 학산천영농조합법인을 결성해 마을 주민 74명으로부터 1000만 원의 출자금을 받아 마중물 사업으로 올 7월 '정앤미소'라는 농산물 자율 판매장을 개장했다. 마을 앞 시냇물인 운학천변에 있던 물레방앗간 자리에 문을 연 '정앤미소'에는 마을에서 생산되는 제철 농산물이 전시돼 소비자가 원하는 가격에 판매되고 있다.

학산천마을은 주요 농작물인 콩·옥수수·감자·고추 등을 활용, 전통 두부와 장류·감자전 등 6 차 상품을 만들어 방문객에게 판매해 농가 소득을 높여나갈 계획이다. 산촌의 특징을 살려 눈개승마·어수리·하수오 등 희귀한 산채와 약초를 생산해 웰빙 식단을 제공하고자 6개 작목반을 구성하는 등 새로운 소득 작물 개발에도 노력을 기울이고 있다.

2014년 9월호

INTERVIEW

안충선 학산천마을 이장

"주민 동아리 활동이 창의적 에너지 분출 창구"

"우리 마을의 아이디어 창구는 동아리 활동입니다. 주민들이 자신들의 취미와 직업적 경험을 살려 동아리를 만들고 마을 일에 적극적으로 참여하고 있습니다."

안충선 학산천마을 이장은 마을 개발의 활력소로 주민들이 자율적으로 모여 만드는 다양한 '동아리 활동'을 꼽았다.

학산천마을 사람들은 막연회와 야동회, 서각동아리, 학산천풍물놀이패 등 4개의 마을 동아리를 조직해 활동하고 있다. 막연회는 '막걸리를 잘 담그는 주민들의 모임'으로 8명이 참여해 독특한 막걸리를 개발하기 위해 연구하고 있으며, 야동회는 '야생초나 산나물 연구 모임'으로 여기서 눈개승마 등 약초 생산 아이디어를 내 작목반을 구성했다. 나무 조각 동호인의 모임인 서각동아리는 마을 이정표나 안내판을 조각하는 것은 물론 대회에도 참가하고 있으며, 학산천풍물놀이패는 전통 놀이에 관심이 있는 주민들이 모여 함께 공연하며 전문가의 지도를 받고 있다.

"동아리는 전문 지식과 경험을 주민들과 나누며 전파하는 통로"라는 안 이장은 "다양한 동아리 모임을 주민 화합과 소득원 창출, 마을 이미지 구축의 수단으로 적극적으로 활용할 계획"이라고 말했다.

우리 마을 자원

{ 운곡 원천석의 도피처 '도안지' }

학산천마을에는 태종 이방원과 그의 스승이었던 운곡 원천석 선생에 관한 이야기가 전해져 오고 있다. 태종 이방원이 왕위에 오르기 전인 1415년 옛 스승인 운곡을 찾아 관직에 앉히기 위해 험한 산골이었던 지금의 강원 횡성 갑천면 치악산 자락을 찾았다. 그러나 강직하고 절개가 곧았던 운곡은 배향산 골짜기인 지금의 학산천마을 도안지로 몸을 숨기고 만나주지 않았다.

방원이 자신을 찾아올 것을 미리 알고 있던 운곡은 몸을 숨기면서 개울가에서 빨래하는 노파에게 얼마 후 자신을 찾는 선비가 오거든 "횡지암으로 갔다"고 일러주도록 당부하고 자신은 반대 방향인 배향산 도안지로 숨어들어 나오지 않았다.

방원이 3일간 찾았으나 만나지 못하고 운곡 선생이 은둔한 산을 향해 절하고 돌아갔다 하여 후세 사람들이 태종이 절을 한 산을 배향산이라 했고, 태종이 원통해 하며 눈물을 흘리며 넘었던 고개를 원통재, 태종이 3일간 머물렀던 곳을 주필대 또는 태종대(太宗臺)라 부르고 있다.

임금인 줄 모르고 거짓을 아뢰었다가 나중에 원천석의 거처를 물은 선비가 임금이라는 사실을 알게 된 노파는 죄책감에 자신이 빨래하던 바위 아래 소에 몸을 던져 스스로 목숨을 끊었다. 사람들은 이 노파가 빠져 죽은 소를 '노구소'라 불렀으며, 인근에 노구사를 지었다.

학산천마을 도안지에서 태종대와 노구소까지는 자동차로 40분 거리로 가족과 함께 역사 여행을 하기에는 가장 좋은 곳이다.

1.학산천마을에 있는 운학 분교장을 리모델링해 체험실과 식당 등을 갖춘 공동문화시설을 준공했다. 2.태종 이방원이 3일간 머물며 운곡 원천석 선생을 기다렸다고 전해지는 태종대. 3.임금인 줄 모르고 거짓을 아뢰었다고 자책하여 노구소에 몸을 던진 노파를 기려 세운 노구상. 옆에는 노구사당이 있다.

전문가 진단

01 마을의 고유한 이미지를 구축하라

관광은 이미지를 소비하는 산업이다. 도농교류도 도시와 농촌의 인적·물적 교류를 일컫는 의미로 관광 요소를 포함하고 있다. 그래서 농촌관광이란 표현을 쓰기도 한다. 마을의 이미지를 구축하려면 마을의 고유 이미지 소재를 찾아내 일관성 있게 개발해야 한다. 역사적 정통성을 지닌 도안지와 자연적 특이성을 지닌 서마니강과 마을경관, 문화적 고유성을 지닌 운학 분교장이나 전통 음식을 찾아내 '매력물'화하는 노력이 필요하다.

도안지길 서마니강의 여울목 '영춘께'에는 독립운동가 김홍섭 선생이 한걸음에 건너뛰었다는 이야기가 전해온다.

02 마을의 경관과 농작물을 소득 자원화하라

마을 도농교류 사업의 궁극적 목적은 농가의 소득 증대이다. 마을의 가치를 알려 방문객을 유치하고 그들에게 마을에서 생산되는 안전한 농산물과 6차 산품을 공급해 농가의 소득 자원을 확보하는 것이다. 이 과정에서 마을의 아름다운 자연 자원과 역사 및 생활 문화 자원을 발굴해 체험과 매력물로 활용해 농촌마을의 가치를 높인다. 학산천마을은 두메산골의 아름다운 경관과 청정한 환경에서 생산된 농산물과 두부·장류 등 6차산품이 있다. 구룡산과 서마니강 등 자연에서 여가를 즐기는 방문객을 대상으로 판매할 브랜드 상품 개발과 홍보 등 실질적 수단이 필요하다.

03 주변 관광지와 연계 벨트를 구축하라

학산천마을은 역사와 문화, 경관을 고루 갖춘 휴양 마을이다. 특히 원천석과 독립운동가 김홍섭이라는 역사적 특이성을 지닌 인물의 스토리와 그와 연관된 빼어난 경관을 가진 도안지는 학산천마을의 상징물이자 최고의 매력물이다. 원천석의 가장 흥미로운 이야깃거리인 태종대와 노구소를 연계하는 테마 프로그램을 개발한다면 차별화된 마을 해설과 역사·문화 체험을 제공할 것으로 기대된다.

1

충남 논산
성동면 포전농촌체험휴양마을

딸기 맛보고 자전거 타고 강변 여행

봄이 완연한 4월이면 금강변에는 달콤한 바람이 분다.
국내 최대의 딸기 주산지이자 청정 딸기 산업특구인 논산에 딸기 축제가 열리고
상큼한 딸기 향이 봄바람에 날린다. 축제는 논산 시내를 흐르는 논산천 둔치와
지역 딸기밭에서 펼쳐져 도시민의 방문이 이어진다. 딸기 주산지인
은진면 일대를 비롯해 50여 딸기재배 농가가 딸기 수확 체험을 진행한다.

충남 논산에 가면 마을 단위로 딸기 수확 체험을 운영하는 곳이 있다. 우곤리 포전 농촌체험휴양마을(http://pojeon.kr)은 개별 농가와의 차별화를 위해 문화 체험과 마을관광 프로그램을 결합해 고객을 유치하고 있다. 마을의 60여 호 가운데 농사를 짓는 30여 농가가 법인을 결성해 도농교류 사업을 펼치고 있다. 포전마을은 지난해 딸기 축제 방문객을 포함해 5000여 명이 마을을 다녀가 8000여만 원의 매출을 올렸다.

딸기 축제 기간에는 마을에서 가까운 논산역과 강경역에 마을을 홍보하는 부스를 설치해 기차 여행객을 마을로 유치한다. 2009년에 도농교류 사업을 시작해 잘 알려진 데다 축제 경험이 많은 딸기 전문 농가에 지자체의 지원이 몰리자 자전거를 인근 기차역과 마을에 비치해 젊은이들을 잡는 색다른 방법으로 효과를 보고 있다.

포전마을에서 6km 남짓 떨어져 있는 강경역에 코레일의 도움을 받아 자전거를 비치해 놓고 방문객들이 금강변을 따라 조성된 자전거 길을 달려 마을에 들어올 수 있도록 아이디어를 낸 것. 자전거를 타고 따뜻한 봄바람이 불어오는 금강변의 아름다운 봄 경치를 즐기며 마을을 찾은 방문객들은 딸기 수확체험과 곁들여 떡메치기와 음식체험 등 농촌 문화체험을 경험할 수 있어 만족도가 높다.

전우치를 상징물로 마을 이미지 창출

농촌 체험 휴양 마을로 시작해 6차 상

1.마을 앞을 지나는 금강 자전거 길은 경관이 아름다워 동호인들의 방문이 연중 이어지는 자전거 길의 명소이다. 2.강경역에서 마을로 들어오는 방문객들이 이용한 자전거를 옮기고 있는 마을주민들의 얼굴빛이 밝다. 3.우곤리 출신으로 전해지는 조선 중종 때의 가상인물 전우치를 마을의 상징물로 삼아 제작한 스토리텔링 포스터.

2

3

1.마을에서 제공하는 승마체험. 2.마을 방문객들이 딸기즙을 넣은 인절미를 직접 만들고 있다. 3.전우치와 지역 농산물을 캐릭터화해 만든 포토존.

품을 제공하는 마을기업으로 발전하고 있는 포전마을은 전우치라는 역사적 인물을 활용해 마을의 이미지를 알리는 데 힘을 쏟고 있다. 지난해 행복한마을가꾸기사업 콘테스트에서 받은 우수상 시상금 1000만 원을 활용해 전우치를 주제로 한 캐릭터 개발을 시작했다.

전우치는 조선 중종 때의 도술가로 포전마을 인근에서 태어났다고 전해지는 인물이다. 실제로 남양 전씨 종중 사당이 인근에 있다. 전우치가 고향 마을을 다녀가며 꽂아 둔 지팡이가 은행나무 거목으로 자라 지금도 마을 입구에 자리 잡고 있다.

포전마을은 전우치라는 재미있고 독특하며 호기심을 일으키는 역사적 인물을 마을의 캐릭터로 개발해 이야기 자원을 바탕으로 한 문화 체험 상품의 개발을 구상하고 있다. 우선은 전우치의 재미있는 이야기를 찾아내 소개하고 마을에서의 흔적을 발굴해 복원할 계획이다. 특히 전우치의 강인한 인상을 마을에서 생산되는 농산물에 접목해 건강에 좋은 농산물을 생산하는 마을 이미지를 만들 생각이다. 마을의 주작물인 딸기와 방울토마토, 적상추 등 붉은색 농산물에다 '전우치의 지팡이가 뿌리내린 레드 푸드빌리지'란 테마를 만들어 홍보를 펼치고 있다.

딸기 전문 농장 등 대규모 농가는 바쁜 농사일로 마을사업에 참여하기 어려운 사정을 고려해 현금 출자를 담당하고, 귀농인과 노년층 주민들은 도농교류 사업 진행을 맡고 있다. 포전마을은 농업기술센터의 공용 농산물 가공 시설을 활용해 6차 상품을 개발해 주민들에게 일자리를 제공할 뿐 아니라 주민의 삶의 질을 높이는 사업을 추진하고 있다.

2015년 4월호

INTERVIEW

김승곤 포전영농조합법인 대표

"인큐베이팅 거쳐 사업성 검증되면 시설 투자"

"농업기술센터의 가공 시설을 활용해 충분한 인큐베이팅을 거쳐 우리 마을만의 6차 상품을 만들고 싶습니다."

포전영농조합법인 김승곤 대표는 "딸기잼 만드는 기계를 구입해 잼을 만들어보았지만 기대 이하"라며 "고가의 장비를 갖추고 기술력을 제공하는 농업기술센터를 활용해 품질이 좋고 체험도 연계할 수 있는 6차 상품을 개발하는 것이 과제이자 바람"이라고 말했다.

논산시농업기술센터는 20억 원을 들여 튜브나 파우치 제품 생산이 가능한 농산물 가공 시설을 갖추고 농업인들이 활용할 수 있도록 개방하고 있다. 김 대표는 "농업기술센터를 이용하면 많은 자금을 들여 사업화하기 전에 상품성을 충분히 검증하고 식품위생법상 문제도 해결할 수 있어 효과적"이라며 "사업화에 자신이 생기면 마을에 시설을 갖추고 마을기업으로 가도 늦지 않다"고 강조했다.

"마을의 자원을 활용한 주민들의 일자리를 만드는 것이 목표"라는 김 대표는 "마을의 붉은색 농산물과 금강, 전우치 등 자연환경과 문화적 요소를 접목해 차별화한 6차 상품을 개발해 주민이 행복한 마을을 만들고 싶다"고 밝혔다.

우리 마을 자원

{ 금강 자전거길 }

새우젓으로 유명한 젓갈의 고장 강경읍 기차역에서 자전거를 타고 금강 둑길 위로 조성된 자전거 길을 달린다. 금강하굿둑에서 대청댐까지 이어지는 142㎞ 금강종주 자전거 길의 일부 구간으로 포전마을 앞을 흐르는 석성천과 금강이 만나는 일명 개주둥이 주변에 드넓게 펼쳐진 갈대밭을 바라보며 질주하는 자전거 길이 시원하다.

{ 전우치의 지팡이 은행나무 }

전우치의 고향으로 알려진 우곤리마을 입구에는 전우치가 짚고 다니던 지팡이를 꽂아둔 것이 자라서 500년이 훨씬 넘은 은행나무가 있다. '이 나무가 죽으면 나도 죽고, 이 나무가 살면 나도 살아 있을 것'이란 전설이 전해지는 은행나무는 아름다움을 선사하는 마을의 보호수로 보존되고 있다. 그렇다면 조선 시대 도술가인 전우치는 지금도 어딘가에서 살아 활동하고 있는 것일까?

{ 논산딸기축제 }

딸기 축제는 봄철 전국 각지에서 흔하게 열린다. 그러나 논산딸기축제(www.nsfestival.co.kr)는 딸기의 국내 최대 주산지답게 볼거리와 체험거리가 넘쳐난다. 논산천 둔치에 마련되는 딸기 축제장에는 가족 단위 문화

행사와 함께 딸기 인절미와 케이크, 가래떡을 만들어 보는 음식 체험들로 다채롭게 꾸며진다. 직접 농장을 방문해 딸기를 수확하고 싶으면 논산시청이 제공하는 버스를 타고 농장을 방문하면 된다. 2월부터 시작된 논산딸기 수확 체험은 5월까지 계속되지만 축제가 열리는 4월의 딸기 맛이 가장 달콤하다.

{ 전문가 진단 }

역사 인물로 마을 콘텐츠 만들기

역사적 인물을 발굴해 지역 또는 마을의 문화 콘텐츠로 활용하는 사례는 많다. 관련 역사 자료나 이야기 등을 찾아내 재미와 교육을 위한 스토리텔링의 소재로 흔히 활용한다. 인물 캐릭터를 만들어 마을의 상징성을 높이거나 상품 브랜드와 연계해 매출을 높이는 마을도 있다. 문화 콘텐츠의 가치가 높아지면 경북 안동의 하회마을, 강원 인제의 마의태자권역처럼 테마파크를 조성하기도 한다. 그 과정에서 강원 영월의 김삿갓 묘처럼 약간의 허구를 더해 사람들의 호기심을 자극하는 구체적인 상징물을 고안하기도 한다. 역사 인물의 관련성을 두고 의견을 대립하는 경우도 종종 발생하니 역사 근거를 확보하는 등의 노력도 필요하다.

01 인물의 가치를 선점하자

마을에 역사적 인물과 관련된 자료가 있다면 우선 그 가치를 선점하는 것이 좋다. 역사 인물과 연관이 있는 자료와 이야기를 자세히 발굴해 구체화하는 작업이 필요하다. 수집 자료를 바탕으로 마을의 이름을 정하거나 캐릭터를 만들고 문화 상품 브랜드로 개발해 지적 재산권을 확보하는 노력이 요구된다.

02 역사 근거를 확보하자

역사 근거가 모호하면 애써 만들어 놓은 이미지에 대한 신뢰성이 도전받기 쉽다. 그 결과 부정적인 요소로 작용할 수도 있으므로 역사 근거를 지속적으로 발굴해 보충해 나가야 한다. 포전마을의 경우 인근에 남양 전씨의 종중이 있는 만큼 족보나 역사적인 기록물에서 전우치 관련 기록을 찾아 근거를 명확히 하는 것이 지속적인 문화 콘텐츠 개발과 활용의 기본이다.

03 다양하게 활용하자

전우치는 영화로 제작될 만큼 친숙한 인물이며, 권선징악의 상징적 인물로 묘사되어 긍정적 이미지를 갖고 있다. 전우치는 문화재·관광·축제·교육적 가치를 충분히 가지고 있다. 이런 점을 스토리텔링을 통해 현대적 의미로 재탄생시킬 수도 있다. 다소 우스꽝스럽고 재치 있는 모습을 꾸미는 체험 프로그램을 운영하거나 승마장과 연계해 금강변에서 말을 타는 전우치 승마 체험, 농산물의 색깔로 전우치의 화려한 채색 옷을 만들어보는 전통 염색 체험도 가능하다. 장래에는 전우치를 주제로 한 지역 축제도 고려할 만하다.

경남 창원
대산면 빗돌배기마을

"외국인들에게 더 유명해요"

경남 창원의 빗돌배기마을은 외국인에게 한국 문화 탐방지로 알려졌다.
2008년 람사르 총회에 참석한 외국 대표단의 마을 방문을 계기로 외국인 관광객
유치에 적극적으로 나선 덕분이다. 이제는 국내에서 열리는 국제회의 참가자를 비롯해
한국에 머무는 외국인 근로자들이 빼놓지 않고 들르는 마을이 되고 있다.

2007년 농협의 팜스테이 사업에 참여하면서부터 농촌관광에 관심을 보인 빗돌배기마을은 그동안 28개 국가의 관광객이 찾은 한국 문화 탐방지로 자리 잡았다. 2008년 람사르 총회에 참석한 외국 대표단의 방문 이후 외국인 관광객 유치에 적극적으로 뛰어든 덕분이다. 외국인 관광객 방문은 꾸준히 이어져 2014년에는 1600여 명이 마을을 방문해 2000여만 원의 매출을 올렸고, 올해는 2000여 명이 마을을 찾을 것으로 전망되고 있다.

외국인 관광객 유치가 마을의 희망

2012년 대한민국 농어촌마을 대상을 수상한 빗돌배기마을(sweetvillage.co.kr) 방문객은 해마 다 3만 명이 넘지만, 외국인 관광객에 거는 기대가 내국인 못지않게 크다. 2014년 말 기준으로 국내에 들어온 외국인 관광객은 1400만 명, 관광 수입이 20조 원을 돌파했다. 하지만 농촌관광에 참여한 외국인 관광객은 집계가 안 될 정도로 미미해 농촌 지역 관광 상품 개발 등 부가가치가 높은 외국인 관광객 유치 전략이 마련되어야 할 것으로 보인다.

빗돌배기마을은 한류의 확산과 함께 문화와 생태 관광으로 변화하는 외국인 관광 시장을 기회로 삼아 국제회의 참가자, 외국인 근로자의 한국 문화 탐방 등 외국인 관광객 유치에 적극적으로 나서고 있다. 특히 우프(http://wwoofkorea.org)와 같은 농촌체험과 문화 교류 네트워크 사이트, 말레이시아 등 외국 공관 홈페이지에도 마을을

1.빗돌배기마을 운영위원들이 인턴십 과정에 참여한 외국인들과 함께 포즈를 취했다. 2.외국인 방문객들의 단감파이 만들기 체험. 3.빗돌배기마을의 된장체험장.

'100년 감 문화 축제'에 참여한 외국 관광객.

홍보하는 자료를 올리는 등 마을 알리기에 정성을 기울이고 있다. 또 대한민국 100대 스타팜에 지정된 다감농원의 선진 농업 기술을 바탕으로 해외 농과 대학생을 대상으로 한 인턴십 과정을 개설해 외국인을 직접 불러들여 농업기술과 함께 농촌관광의 홍보 기회로 활용하고 있다.

외국인 관광객 전문 체험 20가지 개발

외국인 관광객 유치에 가장 걸림돌이 되는 것이 언어 장벽이다. 농촌에는 영어 등 외국어를 잘하는 인력이 부족하다 보니 관광객을 유치해도 제대로 된 설명이나 체험 프로그램 진행이 사실상 불가능하다. 빗돌배기마을은 외국인 관광객의 유치 필요성을 절감하면서부터 외국어 통역사를 찾아 나섰다. 초창기에는 창원시 문화관광해설사의 도움을 받아 마을 관광을 시도했으나 마을의 환경과 농업에 대한 충분한 설명이 이뤄지지 않아 마을 귀농자를 활용해 통역 문제를 해결했다.

외국인 관광객의 마을 유입이 잦아지면서 전문적인 체험 프로그램 개발에도 나서 김치 담그기, 삼색 절편 만들기, 단감 파이 만들기, 문화 공연 등 20여 가지의 프로그램을 기획해 제공하고 있다. 특히 외국인 관광객들은 전통문화와 가치 등에 깊은 관심을 보여 모든 체험 프로그램에 전통적인 이미지를 덧입히고, 담겨 있는 정신적 가치를 설명해 감동을 주고 있다.

계절마다 이뤄지는 농산물 수확 체험은 특히 인기 있는 외국인 체험 프로그램이다. 생산지가 한국과 일본으로 국한된 맛좋은 단감을 직접 따 보고 현장에서 먹어보는 체험은 외국인에게 잊지 못할 추억이다. 빗돌배기마을은 딸기·수박 등 계절 농산물의 품질과 맛이 가장 좋은 시기에 농장을 체험 공간으로 제공, 한국 농산물의 우수성을 알리는 기회로 삼고 있다.
빗돌배기마을 강창국 대표는 "외국인 관광객 유치는 농촌관광의 새로운 활로"라며 "한류의 기반이 되는 우리의 전통문화와 잘 보존된 아름다운 자연환경, 안전한 먹을거리, 고품질 농산물을 간직한 우리 농촌을 관광 상품으로 외국인에게 알린다면 농촌관광이 한 차원 도약하는 계기가 될 것"이라고 강조했다.

2015년 10월호

INTERVIEW

강창국 빗돌배기마을 대표

외국 대학과 MOU 체결 농촌관광 소개

"외국인 관광객이 많이 다녀가는 관광지를 직접 찾아가 마을의 체험 상품을 운용하며 홍보합니다."
빗돌배기마을 강창국 대표는 중국인이 많이 찾는 창원의 '극동크루즈'에서 삼색 절편 만들기, 단감 파이 만들기 등 마을의 인기 체험 프로그램을 운영해 마을 홍보와 외국인 유치에 적극적으로 나서고 있다.
특히 2013년부터 인턴십 과정을 유치한 말레이시아의 UPM 대학과는 양해 각서(MOU)를 교환하며 세부 협력 관계를 추진 중이다. 대학생은 물론 외국의 농장주들을 마을로 초청해 농업 기술과 농촌관광을 소개하는 프로그램을 운영할 계획이다.
강 대표는 "마을은 여행업이 안 돼 외국인을 직접 국내로 불러들일 수 없는 게 현실"이라며 "전문적인 외국인 농촌관광 상품을 개발해 관심이 있는 농촌 마을이 참여하도록 하는 방안을 마련해야 한다"고 강조했다.

우리 마을 자원

{ 벤치마킹 사이트 }

1. 우프코리아(http://wwoofkorea.org) 유기농산물 생산 농가와 자원봉사자를 연결하는 세계적인 네트워크. 금전 교환 없이 방문 국가의 문화 교류와 교육 기회가 생긴다. 전 세계 약 102개 나라가 참여한다.

2. 에어비앤비(www.airbnb.co.kr) 전 세계 독특한 숙소를 인터넷에 올리고 예약할 수 있는 공동 시장 형태의 인터넷 홈페이지. 자신의 남는 공간을 숙소로 제공해 수익을 올린다. 세계를 누비는 자유여행자들에게 인기다.

3. 서울시 한옥민박(http://stay.visitseoul.net) 서울 시내 한옥에 숙박 체험 시설을 갖춰 관광객에게 제공하는 민박. 서울 시내 87개소에 360실이 등록되어 있다.

{ 빗돌배기마을 외국인 방문 루트 }

- 2008년 람사르 총회 필드트립 유치
- 2010년 WWOOF KOREA HOST 지정
- 2010년 농림수산식품부 Rural-20 선정
- 2010년 FAO 아태총회 방문자 필드트립 유치
- 2011년 UN 사막화 방지총회 필드트립 유치
- 2012년 EPY 프로그램 도입(세계 4-H 교환 훈련)
- 2013년 말레이시아 UPM 대학 인턴십 과정 도입
- 2014년 국제 교환 학생 인턴십 과정 도입
- 2015년 말레이시아 UPM 대학과 MOU 체결 추진

{ 외국인 인기 체험 상품 }

김치 담그기 한국의 대표 음식인 김치를 전통 방식으로 만들어 보는 프로그램. 마을 주민이 생산한 무 · 배추와 채소를 이용해 전통적 분위기가 물씬 풍기는 마을에서 김치를 담근다. 한국적인 이미지를 경험할 수 있어 외국인들이 가장 좋아한다.

삼색 절편 만들기 흑미와 흰쌀, 치자를 잘 섞어 무지개색 절편을 만든다. 절편을 만드는 과정 틈틈이 삼색의 조화가 갖는 의미를 해설해 준다. 가족과 형제 간의 우애를 상징하는 삼색 스토리를 방문국의 언어로 들려주면 관광객은 깊은 감동을 받는다.

전문가 진단

외국인 관광객 유치 전략

경기 파주의 산머루마을을 다녀간 중국인 등 외국인 관광객이 올해 7월 말까지 6만 명을 넘었다. 올해 연말까지는 10만 명이 넘을 전망이다. 충남 아산의 외암민속마을, 대구 마비정벽화마을도 3000명 이상의 외국인 관광객이 다녀갔다. 이들 농촌 마을의 경우 산머루와인과 같은 특산물이 있거나 500년의 전통을 지닌 고풍스러운 마을 풍경 등 관심을 끌 만한 매력적인 요소가 있기에 가능했다. 빗돌배기마을은 적극적인 외국인 관광객 유치를 위한 마을 홍보와 외국인 인턴십 과정이 외국인 관광객을 마을로 끌어들이는 통로 역할을 했다. 농림축산식품부와 농협중앙회도 올해를 외국인 농촌 관광의 원년으로 삼고 외국인 관광객 1만 명 유치를 추진하고 있어 농촌 관광의 새로운 활력소로 기대를 모은다.

01 외국인 대상 농촌 관광 상품을 만들자

현재 농촌 마을을 찾는 외국인은 유명 관광지를 방문하는 길에 농촌 마을에 들러 식사를 하거나 체험 한두 개를 맛보기로 참여하고 가는 정도에 머물고 있다. 외국인 관광객이 마을을 관광 목적지로 찾게 하려면 고유한 농촌관광 상품을 갖고 있어야 한다. 우선 마을 방문 외국인 관광객의 특성과 구미에 맞는 프로그램을 기획해야 한다. 전통문화와 잘 조화를 이룬 체험 상품과 기념품을 개발하고, 스토리텔링을 통해 마을의 이미지를 깊이 남길 수 있으면 좋다. 장기적으로 마을 주변의 관광지와 연계한 체류형 관광 상품으로 발전시켜야 한다.

02 마을주민의 마인드 교육에 힘쓰자

외국인 관광객의 환대는 그 나라의 문화를 이해하는 것부터 출발한다. 내국인 대하듯 외국인을 환대하면 문화적 충돌로 불쾌한 인상을 줄 수도 있다. 요즘 마을마다 다문화가정이 늘어나는 만큼 다문화가정을 통해 외국 문화에 대한 이해를 넓히고, 긍정적인 관심을 가질 수 있도록 주민 교육이 동반될 때 외국인 관광객의 마을 유치를 활성화할 수 있다.

03 SNS를 이용해 세계에 마을을 알리자

요즘 관광객들은 장소와 시간에 관계없이 실시간으로 소통한다. 스마트폰을 이용해 자신의 체험과 경험을 사진으로 찍어 인터넷 공간에 띄우면서 주변인들과 공감대를 형성한다. 이런 정보의 원활한 소통은 농촌 관광에 또 다른 기회를 제공한다. 유명 관광지와 달리 농촌관광은 감성을 자극하고 신비감을 높여 홍보 효과를 극대화한다. 농촌관광 상품을 기획할 때 문화와 전통, 감성을 시각화하도록 SNS에 적합한 환경을 만드는 것이 중요하다. 세계인이 관광 정보를 공유하는 인터넷 사이트에 마을 정보를 올리는 것은 기본이다.

1

충남 홍성
홍동면 환경농업 '1번지 마을'

더불어 잘 사는 마을, 유기농에서 착안

환경농업의 1번지 충남 홍성군 홍동면에는 지역의 최대 산업인 유기농 쌀 생산 단지와 생물 다양성이 잘 보존되어 있다. 1950년대 지역의 농업을 이끌어갈 농사꾼을 길러내기 위해 설립된 풀무농업고등기술학교의 교육철학을 바탕으로 일찍이 땅을 살리는 지속 가능한 농업에 눈을 떴기 때문이다.

풀무농업고등기술학교를 졸업한 예비 농사꾼들이 지역에 정착해 정직한 농업에 종사하며 지역농업을 바꾸는 역할을 했다. 40년 전부터 화학 농약과 비료를 사용하지 않는 농업을 추구해 온 이들은 지난 1996년 일본의 유기농 기술을 받아들여 국내에서는 처음으로 오리농법을 이용한 유기농 쌀을 생산했다. 생산된 쌀은 농사의 가치와 품질을 인정하는 홍동농협과 아이쿱생협사업연합회(ICOOP), 초록마을 등 소비자 단체와의 계약 재배를 통해 전량 팔려나가 안정된 농사를 지을 수 있는 기반을 갖췄다.
유기농 쌀의 품질이 알려지면서 오리쌀 재배는 인근 지역으로 점차 확대돼 지금은 홍성군 전역의 48%가 유기농 생산 단지로 특화됐다. 쌀을 비롯해 100여 가지의 다양한 농산물이 유기농법으로 생산돼 전국으로 유통되고 있다.

도농교류로 자생적 경영 조직 활력

웰빙문화의 확산과 더불어 '좋은 먹거리와 좋은 환경'에 관심을 보이는 도시 소비자들과 사회단체의 방문이 늘면서 도시와 농촌의 교류도 확대됐다. 오리농법을 처음으로 받아들인 홍동면 문당리의 '홍성환경농업교육관'에는 연중 3만여 명의 도시민이 농촌체험과 유기농 교육을 위해 방문한다. 녹색연합을 비롯한 50개의 사회단체는 수련원으로 활용하기도 한다.
지역의 유기농업을 매개로 한 도시와 농촌의 교류는 지역 변화도 가속했다. 방문객을 위한 체험 공간과 시설이 들어서고 지역 사회를 돕고 더불어 살아

1. 오리농법으로 환경이 살아 있는 마을이 되면서 도농교류의 상징적인 마을로 발전했다. 연간 3만여 명의 방문객들이 농촌체험과 유기농 교육을 위해 마을을 방문한다. 2. 문당리 생태습지. 3. 홍동면 유기농업의 산실 '홍성환경농업교육관'.

풀무학교 생협 자연의 선물가게.

가는 자생적 경영 조직들도 여러 곳 생겨났다. 현재 홍동면에는 얼렁뚝딱건축조합 등 8개의 협동조합과 홍동밝맑도서관 등 8개의 마을 지원 기관이 설립되어 있다. 또 (주)다살림 등 마을 사업 2곳과 갓골목공실 등 12곳의 교육 기관, 정농회 등 5개의 환경농업 단체가 활발하게 활동하고 있다.

이들 자생적 경영 조직은 협동조합이나 주식회사, 영농법인, 농업회사법인 등 다양한 경영 방식을 채택하고 있다. 정부 지원을 받아 조성한 권역사업 영농조합법인 형태도 있지만, 대부분은 주민의 필요와 지역사회 공헌을 위해 설립돼 운영되고 있다. 사업체를 만드는 사람들도 풀무농고의 학생부터 마을 주민, 귀농·귀촌인, 은퇴자, 할머니처럼 다양하다.

마을 활력소가 자립 경영 조직의 산실

홍동면에 다양한 경영 조직이 설립된 데는 조직을 만들고 운영을 도와주는 마을 활력소 덕이 크다. 물론 풀무농고에서 출발한 풀무생협과 그물코출판사와 같이 오랜 기간 지역사회에서 활동하면서 풀무의 정신을 공유하고 사회 공헌의 경험을 제공한 것이 다양한 경영 조직의 출현을 촉진한 근본적인 배경이기도 하다.

1.문당리 마을 사람들은 2000년에 마을 발전 100년 계획을 세워 추진하고 있다.
2. 마을 활력소 마크.

마을 조직 설립의 요람 역할을 하는 마을활력소가 문을 연 2011년 이후에는 뜻을 같이하는 청년과 주민들이 모여 경영 조직을 결성하는 사례가 부쩍 늘었다. 100여 명의 주민이 모여 1800만 원의 출자금을 모아 만든 '동네 마실방 뜰', 자신의 집을 직접 짓고 수리하는 '얼렁뚝딱건축조합', 손맛 좋은 할머니들이 모여 만든 반찬가게 '할머니 장터 조합', 의사가 상주하며 진료하는 의료생협 '우리동네의원' 등이 마을 활력소의 도움을 받아 문을 열었다.

마을 활력소에는 주민들이 자유롭게 활용할 수 있도록 사무 공간을 갖추고 있을 뿐만 아니라 도움을 주는 활동가들이 상주하고 있어 앞으로 더욱 다양한 경영 조직의 출현이 기대된다.

2016년 4월호

INTERVIEW

주형로 마을 활력소 공동 대표

풀무농고 졸업생, 지역에 남아 마을변화 주도

"교육이 지역과 마을발전을 이끄는 힘입니다. 그런 교육의 중심에 풀무농업고등기술학교가 있습니다."

주형로 마을 활력소 공동 대표는 "풀무농고에서 교육받은 졸업생들이 지역에 남아 변화와 발전의 핵심 역할을 하고 있다"고 강조했다. 주 대표는 "교육을 통해 지역에 필요한 농업인을 길러내야 하고 자신이 하고 싶은 일을 하며 공동체와 사회에 적극적으로 참여할 수 있도록 지역이 도와야 한다"고 주장했다.

풀무농고는 2001년부터 정규 과정인 고등부와는 별도로 농업인을 배출하기 위한 전공부를 신설해 운영하고 있다. 2015년까지 풀무농고 전공부를 졸업한 학생 86명 가운데 30% 이상이 홍동 지역에 정착해 농업에 종사하며 지역사회공동체에 참가하고 있다.

"지도자 한 사람이 전체를 이끌어가는 형태가 아니라 주민 한 사람 한 사람이 특징을 살려 일할 수 있도록 지원하는 것이 홍동의 특징"이라는 주 대표는 "마을 활력소가 지원 기능을 담당하고 있다"고 설명했다. 또한 "마을 활력소는 주민들의 생각을 키워내는 인큐베이터"라며 "농촌을 상징하는 흙을 통해 마을과 지역, 개인과 단체가 협동하여 다음 세대의 농업을 준비하는 지역으로 성장했으면 좋겠다"고 밝혔다.

지역 자립 경영체 소개

{ 풀무농업고등기술학교 }

1958년 개교한 사립농업고등학교로, 정규 고등학교인 고등부와 전문농업인 양성을 목표로 하는 전공부가 있다. 유기농업과 환경, 생태, 협동의 중요성을 통해 농업의 가치를 교육하고 있다.

www.poolmoo.cnehs.kr

{ 홍동밝맑도서관 }

풀무농고 개교 50돌을 맞은 2007년에 학교와 지역이 함께 쓰는 도서관으로 설립됐다. 도서관의 '밝맑'은 풀무농고 설립자인 이찬갑 선생의 호를 딴 것이다. 회비와 후원금으로만 운영된다.

http://cafe.naver.com/hongdonglibrary

{ 의료생협 우리동네의원 }

홍동면 금평리에는 의사가 상주하는 의료생협인 '우리동네의원'이 있다. 2015년 8월에 문을 연 우리동네의원은 지역 주민이라면 누구나 진료를 받을 수 있고, 1계좌 1만 원 이상의 출자금을 내면 조합원으로 가입할 수도 있다.

http://hoonoon.tistory.com

{ 마을 활력소 }

문당리 종합개발 사업 사업비로 받은 4억 원을 면 소재지로 재투자해 설립했다. 주민 스스로 지역 문제를 해결하도록 도와주는 중간 지원 조직이다. 사무실과 회의 공간을 갖추고 있어 주민들이 모임을 결성하고 공익적인 조직으로 성장하도록 지원한다.

http://hongseongcb.net

문당마을 논 생물 조사 체험

오리농법을 처음 시도한 문당마을 앞에 펼쳐진 유기농 쌀 재배 단지와 생태 습지에서 다양한 생명체들을 찾아보는 체험이다. 40년 동안 화학 농약과 비료를 쓰지 않고 보존된 생태 습지에서는 살아 있는 화석생물로 불리는 긴꼬리투구새우가 발견되기도 했다.

찾아가는 농촌체험 '도심 속의 논 학교'

도심 속의 학교로 마을 주민들이 찾아가 실시하는 체험 프로그램이다. 충남도에 아이디어를 내 예산 지원을 받아 도시 학교에 논을 꾸며주고 있다. 학교에 논을 만들어 모내기하고, 김을 매고, 수확하여 타작하는 과정을 1년 동안 진행한다.

한 걸음 더 들어가기

마을 발전 계획 수립 절차

마을 발전 계획은 농촌개발 사업이 상향식 공모제로 전환되면서 중요성이 더욱 높아졌다. 하지만 마을 자체적으로 마을 발전 계획을 수립하기는 어려워 공무원이나 전문가의 도움이 필요한 것이 현실이다. 마을 발전 계획은 마을 주민의 조직화, 주민회의, 사업계획 수립, 자원 조사, 전문가 자문, 마을 발전 계획 추진단계로 구분된다.

1. 주민 조직화

마을총회와 같이 마을을 대표할 수 있는 조직을 통해 마을 발전 계획의 필요성을 설명하고 공감대를 얻는 과정이 필요하다.

2. 주민회의

주민 주도형 마을 개발을 추진하려는 방법이다. 워크숍을 진행하며 마을의 자원을 찾고 비전과 미래의 목표를 설정하는 과정이다. 마을이 가진 특징과 자원을 살펴보고 지속적인 추진력을 얻는다.

3. 사업계획 수립

마을의 미래 목표를 실현하려는 추진 방법 즉 사업계획을 수립한다. 실행 가능성과 시급성 등을 고려해 전략 목표와 전략 과제를 도출하고 각각의 해결 방안을 모아 사업계획을 마련한다.

4. 자원 조사

주민들이 워크숍을 통해 마을 자원을 조사할 수 있지만, 전문가의 도움을 받아 체계적으로 조사를 진행하는 방법도 있다.

5. 전문가 자문

다양한 경험과 해당 분야 지식을 갖춘 전문가 집단의 자문을 받아 사업의 성공 가능성을 높인다. 정부 지원 사업과 연계되면 전문가 자문단의 협조를 얻는다.

6. 마을 발전 계획 추진

도출된 사업계획 가운데 마을 자체로 추진할 수 있는 과제와 예산 지원이 동반되는 과제 등을 고려하여 장단기 과제를 선정하여 추진한다. 모든 과정은 회의록을 남겨 주민들의 동의를 받는 과정을 통해 추진력을 높일 수 있다.

■ 문당리 발전 100년 계획

홍동면 문당마을은 지난 2000년 농촌 마을로서는 최초로 100년 계획을 세워 주목을 받았다. 농촌 마을이 발전 계획을 세운 것도 이례적이지만 100년이란 장기간의 발전 계획을 세운 사례도 처음이기 때문이다. 무엇보다 정부 보조금이 아닌 유기농 쌀 판매를 통해 조성한 마을기금에서 용역비를 지급해 화제가 됐다. 문당마을의 마을 발전 계획은 다른 농촌 마을에 영향을 줘 장단기 발전 계획을 세우는 마을이 전국에 많아졌다.

경남 진주
명석면 가뫼골마을

휴식과 체험, 먹을거리가 있는 달콤한 마을

강과 산이 있고, 소나무가 울창해 황새가 많이 모여 살았다는 가뫼골은
청정 자연 속에서 달콤한 맛이 일품인 단감이 나는 마을이다. 가뫼골이란 이름은
강을 뜻하는 순수한 우리말 '가람'과 산을 뜻하는 '뫼'가 합쳐져 지어졌다.
마을 뒷산인 광제산에서 흘러내린 광제천과 태천이 마을에서 합수돼 넓은 들을 만들어
풍성한 곡식을 생산하는 부촌이란 의미를 담고 있다.

토종 소나무가 울창한 광제산 기슭의 토담과 엄목정, 소태골 등 3개의 자연 마을이 모여 가뫼골 농촌체험 휴양마을(이하 가뫼골마을)을 이룬다. 마을의 주된 농산물은 벼이지만 근래 들어 단감과 사과, 매실 과수원이 생겨나며 젊은이들이 마을로 들어와 활력이 살아나고 있다.

마을에서 생산한 농산물을 체험과 함께 판매할 목적으로 시작한 6차 산업은 마을 성장의 핵심이 됐다. 녹색농촌체험마을과 농협의 팜스테이, 식체험 우수 공간으로 선정된 가뫼골마을은 광제산영농조합법인을 결성해 마을 주민과 함께 농촌관광을 통해 농가 소득을 올리고 있다.

가뫼골마을(ryujinfarm.com)을 다녀가는 방문객은 한 해 5000~1만 명에 이른다. 1시간 30분 거리에 부산과 창원 등 대도시가 인접해 있어 가족 단위로 마을을 찾는 사람이 많다. 방문객이 늘면서 전통 한옥 방식의 마을 숙박 시설인 '광제정'과 '류진정'을 비롯해 황토방과 농촌체험장 등 다양한 여가 시설이 마을의 경관 좋은 곳에 들어섰다.

1.가뫼골마을의 감나무 산책로를 걷다가 만나는 고택. 예전에는 감나무 과수원을 돌보는 농가였지만 지금은 마을의 귀한 손님이 쉬어가는 마을의 영빈관과 같은 곳이다. 2.감나무의 생태 해설을 들으며 감을 따고, 감을 소재로 곶감 등 다양한 먹을거리를 만들어보는 문화 체험을 할 수 있다. 3.농협의 지원을 받아 마련한 마을 펜션은 40명까지 숙박할 수 있을 정도로 크다.

마을 방문객은 고객이자 '친구'

방문객이 즐길 수 있는 농촌체험 프로그램도 다양하다. 방문객은 사과·매실·단감을 수확하거나, 감을 원료로 주먹밥·떡·피자·케이크 만들기 등 계절에 따라 다양한 맛 체험을 할 수 있다. 청정한 자연 속에서 여가를 즐기려는 방문객은 마을에서 광제산 정상 봉화

1.마을을 방문한 아이들이 단감 말랭이를 이용해 피자를 만들고 있다. 2.가뫼골마을에는 안심마루라는 브랜드가 있어 마을과 농산물의 이미지를 통합 관리한다. 3.가뫼골마을의 팜스테이 간판.

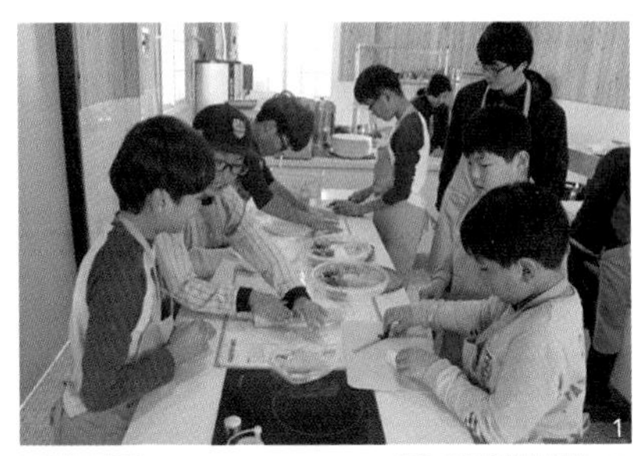

대까지 이어지는 토종 소나무 숲 산책로(10㎞)를 주로 찾는다.

가뫼골마을은 방문객을 '고객이자 친구'라는 생각으로 맞이한다. 방문객을 통해 마을이 홍보되고 농산물 판매로 이어지기 때문에 체험 서비스의 질을 높이고 다양한 가공 제품 개발에 지혜를 모으고 있다.

가뫼골마을의 가장 큰 특징은 방문객과 함께하는 문화 상품이다. 첫 작품이 옛길을 복원한 토종 소나무 산책로다. 아름드리 소나무 숲을 걷는 묘미에 빠진 사람들의 발길이 이어져 잠잠했던 마을을 깨우는 일등공신이 됐다. 두 번째는 '감나무 길 산책'이다. 마을 곳곳에 들어선 단감 과수원을 걸으며 생태 해설을 듣는 프로그램이다. 학생부터 어른까지 신기한 감나무의 사랑 이야기에 빠져들기도 하고, 단감을 따 먹으며 마을에서 생산한 농산물에 신뢰를 쌓고 돌아간다. 덕분에 가뫼골마을에서 생산된 단감은 98%가 전자 상거래를 통해 직거래된다. 마을에서 생산된 쌀, 콩, 고구마, 벌꿀 등 20여 가지의 농산물도 방문객이 상당량 구매한다.

고객과 생산자가 함께 만드는 '안심마루'

광제산영농조합법인은 가뫼골마을의 브랜드 가치를 높이고, 농산물과 가공 제품에 마을 이미지를 적용하기 위해 '안심마루'라는 마을 브랜드를 만들어 활용하고 있다.

2016년 10월호

INTERVIEW

류재하 가뫼골마을 대표

면 단위에 6차 산업 연합 모델 만들자

"현장 실습 교육(WPL)으로 능력 있는 마을 지도자를 세우고 싶습니다."

"수입 농산물이 많아지면서 우리 농업의 미래에 대한 위기를 느낀다"는 류재하 가뫼골마을 대표는 "농업에 관한 신념과 실력 있는 농사꾼을 길러내기 위해 농업 현장 교육에 공을 들이고 있다"고 말했다. "아들도 한국농수산대학교를 졸업하고 마을에 들어와 같이 농업을 하고 있지만, 농업 여건이 점점 어려워져 계속 농사를 지으라고 자신 있게 이야기하지 못할 때가 있다"고 속마음을 털어놨다.

'교육만이 살 길'이라는 류 대표는 경남의 선도 농업인들과 뜻을 모아 ㈔희망농부를 세워 현장 실습 교육을 통해 우리 농업을 이어나갈 진짜 농사꾼을 길러내는 데 힘을 쏟고 있다.

"6차 산업은 현대 농업에 꼭 필요한 바탕"이라는 류 대표는 "단순한 농산물의 가공이 아니라 소비자와의 만남이 6차 산업의 꽃"이라며 "농업인이 소비자의 관심을 알고 거기에 걸맞은 농사를 짓는 것은 생존 전략"이라고 강조했다.

"단순한 가공사업이 6차 산업의 전부가 아니"라는 류 대표는 "생산 지역과 농업인을 중심으로 가공 전문가, 판매 전문가 등이 연합할 수 있는 6차 산업 연합 모델을 면 단위에 1개 이상 설치해야 한다"고 말했다. 류 대표는 현장 실습 교육 프로그램에 '6차 산업 활력화'란 과목을 개설해 1기에 20명 이내의 교육생을 모집해 도제식 교육을 통해 진정한 의미의 6차 산업이 뿌리내릴 수 있도록 도움을 주고 있다.

가을철에 마을을 방문한 아이들이 감을 따보는 수확체험을 마치고 직접 딴 단감 꾸러미를 들어보이며 즐거워하고 있다.

가뫼골 마을 대표 6차 상품

◀감잎차 마을의 기념품이다. 감나무 잎이 나오는 5월 새순을 잘라 차로 만든다. 주민들이 감잎 채취, 고르기, 덖기, 포장하기의 전 과정을 전통 방식으로 한다. 5월에는 체험도 가능하다.

◀감말랭이 주먹밥 감말랭이를 잘게 썰고 양념을 해서 주먹밥을 만든다. 블루베리 분말을 첨가하면 다양한 색을 낼 수 있다. 만드는 재미와 곁들여 입에 넣으면 쫀득하고 달콤한 맛이 매력적이다. 연중 체험이 가능하며, 체험비는 1인 1만 원.

테마가 있는 마을 여행

가뫼골마을 감나무 사랑 이야기

가뫼골마을에는 10㎞가 넘는 감나무 산책로가 있다. 감 열매 안에 또 다른 감이 들어 있는 사애우지, 6종의 감이 한 나무에 열리는 '멀티 감나무' 등 신기한 감나무의 생태에 관한 이야기를 들으며 걷는 재미가 쏠쏠하다.

- **감나무 산책로** : 가뫼골마을 감나무 과수원 길 1~10㎞
- **시간** : 30분~3시간
- **시기** : 감꽃이 피는 5월 ~ 감을 수확하는 11월
- **체험 활동** : 산책, 감 따기·곶감 체험, 감나무 생태 해설

1. 속이 시커먼 감나무

대부분 과수는 한 나무에 암수 꽃이 함께 피지만 감나무는 암수 구별이 뚜렷하다. 보통 암나무 25그루 가운데 수나무 1그루를 같이 심는다. 사람으로 치면 1부 25처제라고나 할까? 더욱 재미있는 건 수나무에 열리는 열매 속이 검은색이라 '속이 시커먼 감나무'라는 별칭이 있다는 것이다.

2. 잎 15개마다 1개 열매 열어

5월에 피는 수꽃은 유난히 향이 진하다. 수컷의 화려함은 동물과 조류에서도 흔하다. 봄철에 수정된 열매는 농부의 손에 의해 15잎마다 1개 정도가 살아남는다. 충분한 영양분과 햇볕을 받으며 자란 감은 10월 수확기가 되면 당도 20도에 비타민이 풍부해져 사람들의 선택을 받는다.

3. 버릴 것 하나 없는 칠덕수(七德樹)

감나무는 7가지 덕을 지닌 나무라는 의미로 예로부터 '칠덕수'로 불렸다. 첫째 수명이 길고, 둘째 녹음이 짙으며, 셋째 단풍이 아름답고, 넷째 열매가 맛있고, 다섯째 잎이 거름이 되며, 여섯째 날짐승이 둥지를 틀지 않고, 일곱째 벌레가 생기지 않는 나무라 했다. 감나무의 장점은 학명에서도 드러난다. 감나무의 속명 'Diospyros'는 고대 희랍어의 신(Dios)과 곡물(pyros)에서 유래한 것으로, '하늘이 내려준 과일'이란 의미를 담고 있다.

4. 호랑이도 물리치는 곶감

곶감은 호랑이보다 무섭다. '호랑이가 온다'는 소리에도 울음을 그치지 않던 아이가 '곶감을 준다'는 말에 울음을 그치는 모습을 본 호랑이가 곶감을 자신보다 더 무서운 존재로 생각했다는 설화에서 기인했다. 설탕이 없던 시절, 곶감과 홍시는 최고의 기호 식품이었다. 예전에는 떫은감을 소금물에 담갔다가 먹거나 곶감으로 만들었으나 요즘에는 수확 후 바로 먹는 단감 생산이 늘었다.

5. 가뫼골마을의 단감

가뫼골마을의 감은 대부분 단감이다. 당도와 사각사각한 식감이 뛰어나 인기가 높다. 고품질 비결은 풀과 함께 키우는 미생물 재배법이다. 단감 과수원에 자란 풀을 그대로 뒀다가 가을철에 갈아엎는다. 다 자란 풀은 섬유질이 풍부해 땅속에 들어가 흙과 섞이면서 공간을 형성해 미생물 활동을 돕는다. 양분 공급도 화학 비료 대신 미생물에 이로운 천연 제재를 직접 만들어 사용해 안전하다.

제주 서귀포
성산읍 어멍아방잔치마을

살아보고 어울리고 싶은 마을

어멍아방잔치마을은 제주의 상징 한라산과 성산일출봉, 그리고 화산 돌이 만들어내는 아름다운 해안선과 깨끗한 바다를 한곳에서 볼 수 있는 마을이다. 마을에 머물며 올레길 3코스가 지나는 신천목장의 아름다운 해안 경관을 감상하고 마을 구석구석을 돌며 제주의 문화를 살펴볼 수 있다.

제주 올레길의 원조 격 '가름길 돌기'

아름다운 경관을 따라 마을 가름(동네)질(길)로 발걸음을 돌리면 제주도만의 독특한 농촌 문화를 만난다. 2002년부터 가름길을 만들어 마을 투어 프로그램을 진행하는 어멍아방잔치마을은 제주 올레길의 원조라고 해도 손색이 없다.

조선 초기로 거슬러 올라가는 역사만큼이나 다양한 이야깃거리를 간직한 마을의 자원이 가름길을 따라 펼쳐진다. 먹을 물이 부족했던 제주에서 사람과 말이 함께 마셨던 던데못(도운지)에서 시작해 한라산에서 발원해 흘러내리는 냇물의 모습을 즐겼다는 창침정, 명마를 길러 한양으로 보내던 신풍마장과 큰개나루를 둘러보면 하루해가 짧다.

2002년 마을의 풍부한 문화유산을 활용해 마을공동 사업을 운영하기 위해 전통 테마 마을로 지정된 이후 녹색농촌 체험마을, 체험 휴양마을, 농협의 팜스테이 마을로 다양하게 지정됐다. 2014년에는 마을 종합개발사업을 시작해 폐교를 리모델링한 게스트하우스와 오토 캠핑장, 제주 전통 방식의 초가로 지은 농촌유학센터를 개장해 2016년 10월부터 시범 운영에 들어갔다.

마을공동사업의 운영 방식도 주민이 일정한 출자금을 내고 참여하는 '마을 주도형'으로 바꿨다. 마을 시설을 관리·운영하는 '신풍리 휴양마을 협의회'는 마을이 51%의 지분을 갖고 참여 주민 33명이 49%의 지분을 갖는 방식으로, 이장이 당연직 회장이고 참여한

1. 어멍아방잔치마을 농촌유학센터에서 마을로 유학을 온 가족이 즐거운 농촌 생활을 보내고 있다. 2. 용궁 올레. 3. 신풍목장에서 제주 명마를 타보는 승마 체험을 할 수 있다.

2

3

주민들의 선거로 뽑힌 운영위원장이 실질적인 협의회 운영을 담당한다.

가족 이주형 농촌유학센터 활기

제주의 전통문화가 곳곳에 깃든 어멍아방잔치마을은 육지 사람이 꼭 살아보고 싶은 마을로 손꼽힌다. 가족 단위로 이주해 6개월에서 수년 동안 살아보고 마을에 정착하는 사람도 많다. 마을에서는 이런 특징을 살려 제주 초가집으로 구성된 농촌유학센터를 운영하며 가족 단위 농촌 유학 가정을 모집해 시설을 장기 임대 형태로 빌려주고 있다. 특히 농촌 유학에 참여한 학생을 대상으로 제주도 전통 문화 체험과 승마, 수영, 농촌 체험 등 다양한 프로그램을 운영한다. 덕분에 농촌 학교인 풍천초등학교의 아이들이 늘어나며 마을이 활기를 띠고 있다. 국내 최고의 관광지인데다 제주 올레길과 연해 있는 어멍아방잔치마을은 향토 사학자의 도움을 받아 제주도만의 전통 혼례를 재현하고 잔치 음식 문화를 체험하는 마을로도 잘 알려져 있다. 이 외에도 마을의 유일한 포구인 큰개나루에서 어린 대나무 낚시를 즐기는 고망낚시, 마을 주민이 직접 바다에 나가 잡는 한치를 비벼 먹는 낭푼비빔밥, 집줄 놓기 등 주민과 함께 참여하는 재미있는 농촌 체험 프로그램이 즐비하다.

2017년 2월호

1.어멍아방잔치마을에서는 이주하거나 유학하려는 가족에게 마을 펜션이나 마을 빈집을 리모델링해 1년 정도 살아볼 수 있도록 빌려준다. 12월에서 이듬해 2월까지 인터넷으로 신청하면 된다. 2.돌담과 잘 어울리는 마을안내표지판.

올레길 3코스가 지나는 신천목장은 해풍에 귤껍질을 말리는 모습이 장관이다.

INTERVIEW

신태범 어멍아방잔치마을 사무국장

주민들은 제주 풍습을 전하고 보존하는 '문화 전문가'

"주민이 자긍심을 가지고 마을 사업에 참여하도록 '문화 전문가'로 활동할 수 있는 길을 열어드리고 싶습니다."

신태범 어멍아방잔치마을 사무국장은 "마을 주도형으로 운영 방식을 바꾼 2017년 마을 사업의 목표를 주민 참여를 높이는 것으로 잡았다"고 말했다.

"우리 마을은 제주에서도 보기 힘들 만큼 문화적 특징과 자원을 많이 가진 전통 마을"이라는 신 국장은 "주민들이 알고 있고 스스로 지켜온 자랑스러운 마을의 문화 자원을 발굴하고 알리는 방식으로 주민 참여를 이끌어낼 생각"이라고 밝혔다.

신 국장은 "제주 전통 혼례와 잔치 문화, 집줄 놓기, 가름길 돌기 해설 등은 우리 마을의 고유한 문화 상품으로, 주민들이 프로그램에 스스로 참여하며 자긍심과 성취감을 누릴 것"이라고 확신했다.

또 "주민들이 의욕을 가지고 공동 사업에 참여하다 보면 단순히 사업적 측면만이 아니라 마을의 홍보 효과도 커져 마을에서 생산되는 다양한 농수산물의 가치와 판매량도 덩달아 올라갈 것"이라고 강조했다. 문의 064-782-0311

우리 마을 자원

{ 낭푼비빔밥 }

마을 앞 바닷가에서 일출을 즐기다 밤새 한치잡이를 마치고 입항하는 배 시간에 맞춰 큰개나루로 나간다. 갓 잡아온 싱싱한 한치를 양푼(낭푼)에 듬뿍 넣고 채소와 밥, 고추장을 섞어 비벼 먹는 맛이 일품이다. 7~8월 한치잡이가 한창일 때가 가장 인기다.

{ 고망낚시 }

한양으로 진상할 말을 실어 나르던 큰개나루 인근에 썰물로 물이 빠지면 드러나는 자잘한 바위틈 사이 구멍(고망)에서 낚시로 고기를 잡는 재밋거리다. 마을 인근에 자생하는 대나무를 잘라 철사를 연결하고 그 끝에 낚싯줄과 낚시를 달아 작은 고기를 잡는다.

• 마을 이야기

용궁올레와 칼선도리 바위

해녀 송 씨는 어느 날 물이 깊어 사람들이 물질을 꺼리는 '용궁올레'로 혼자 들어갔다. 커다란 전복을 발견하고 빗창을 찌르는 순간, 정신을 잃고 얼마 후 깨어나 보니 눈앞에 별천지가 펼쳐져 있었다. 선녀는 이곳이 남해용궁이며 세상 사람이 들어올 수 없는 곳으로, 용왕님이 알면 큰일을 치를 것이라며 세상으로 다시 나갈 방법을 알려줬다. 선녀는 '용궁을 빠져나갈 때 절대로 뒤를 돌아보지 말라'고 경고했지만, 송 씨가 약속을 잊고 뒤를 돌아보자 사방이 암흑으로 변하며 칼을 든 무시무시한 수문장이 앞을 가로막았다. 송 씨는 수문장에게 사정을 알렸고 가여운 생각이든 수문장은 세상으로 보내주기로 했다. 송 씨가 어디선가 나타난 강아지를 따라 용궁올레를 빠져나오는 순간, 바다에서 거대한 칼을 든 장군 모습의 바위가 용궁올레 앞에 우뚝 솟아올랐다. 사람들은 그 바위를 인간이 남해용궁으로 들어오지 못하도록 지키는 장수라는 의미로 '칼선도리'라 불렀다.

한 걸음 더 들어가기

농촌관광 스토리텔링 기법

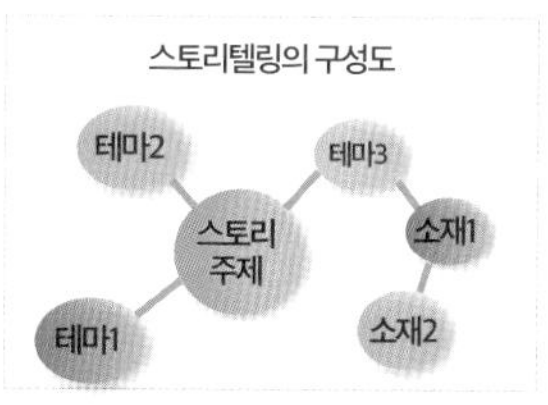

스토리텔링은 우리말로 하면 '이야기하기'로, 스토리(Story)와 텔링(Telling)의 합성어다. 전달하고자 하는 정보를 재미있게 또는 의미 있는 이야기로 꾸며 들려주는 행위를 뜻한다. 간단하게는 어린 시절 외할머니가 들려주시던 옛날이야기부터 심청전·흥부전 등 여러 형태의 스토리텔링이 존재했으며, 시대에 맞게 발전을 거듭해왔다.

그런데 왜 요즘 들어 스토리텔링이 각 분야에서 주목을 받는 것일까? 디지털 기술의 발달로 이야기 전개 방식이 다양하게 확대된 데 기인한다. 영화나 드라마를 비롯해 애니메이션, 전자게임에 이르기까지 이야기 기반에 시청각 효과가 가미되면서 스토리텔링이 더 화려해지고 기능화됐다.

스토리텔링은 농촌관광에 꼭 필요한 관광 기법이다. 농촌 지역에 부지기수로 널린 이야기, 즉 영웅 이야기를 비롯해 효행 이야기, 고개와 바위 등 자연물에 깃든 전설 등을 발굴해 관광 자원으로 활용할 수 있다. 특히 천편일률적이라는 비판을 받는 농촌관광에 전래하는 이야기를 발굴해 가미함으로써 독창성 있는 관광 자원을 만들 수 있다.

1. 마을 주변의 소재, 즉 스토리를 모으자

마을 주변에 전승되거나 현대에 만들어진 이야기를 모아 정리하고 핵심 이야기를 선정한다. 핵심 이야기를 중심으로 다양한 이야기를 배열해 이야기의 줄거리(테마)를 형성한다.

2. 시나리오를 만들자

마을에 내려오는 이야기는 구체성이 떨어진다. 이야기의 전래나 흔적을 찾아내 이야기의 줄거리를 짜임새 있게 재구성한다. 이야기를 시나리오로 정리해 보관하며 마을 해설과 참여 프로그램, 브랜드 개발 등 다양한 마을 개발의 원천 자원으로 활용한다.

3. 이야기에 참여하자

마을 이야기는 다양한 형태로 가공할 수 있다. 이야기를 말하고 듣는 전통 방식에 더해 이야기의 배경을 보고 만지고 맛볼 수 있도록 오감을 바탕으로 창의적으로 재해석하고, 관광객이 직접 이야기 속에 쑥 들어와 주인공으로 참여할 수 있도록 프로그램을 구성해야 한다.

4. 이야기로 독창성을 확보하자

원초적 이야기는 자원의 가치를 결정짓는 핵심 요소다. 같은 초가집이라 할지라도 역사 인물과의 연관성을 찾아내면 독특하고 유일한 공간으로 가치가 재평가된다. 어느 곳에서도 흉내 낼 수 없고 가져갈 수 없는 우리 마을만의 고유한 자원이 돼 차별성의 근원이 된다.

1

전북 남원
인월면 달오름마을

지리산 달빛이 머무는 박공예 마을

'달빛을 끌어올린다'는 의미의 인월(引月)이라는 지명에서 유래한 달오름마을은
농촌 관광으로 사람을 끌어들이는 마을로 변모하고 있다. 마을에 전해오는
이성계 장군의 전승 고사와 우리나라 고대 소설의 결정판 〈흥부전〉에서 아이디어를
발굴한 달오름마을은 농촌관광의 성공 사례로 손꼽힌다.

마을 고사에서 이름과 체험 착안

달오름마을은 2003년 전통 테마마을로 농촌관광을 시작하면서 주민들 의견을 모아 마을 이름을 '달오름'이라고 정했다. 고려 말 이성계 장군이 왜구와 싸우며 승리를 기원하는 간절한 마음이 하늘에 닿아 그믐날이었지만 보름달이 떠올랐다는 이야기가 전해지는 인월(引月)의 한자 지명을 한글로 풀어놓은 것이다.

여기에 인근 아영면에 전해오는 흥부 발복지(發福地)에 착안해 바가지를 이용한 체험과 먹거리 프로그램을 개발해 상품화했다. 마을에서 흔하게 생산되지만 쓸모없이 버려지던 박을 사들여 장식용 조명등과 같은 다양한 형태의 공예품을 만들고, 바가지에 지리산의 값진 나물류를 넣고 비벼 먹는 흥부잔치밥상을 판매하며 마을 지명도가 하루가 다르게 올라갔다.

참살이 바람을 타고 지리산 둘레길이 만들어져 2008년 10월 마을 뒤를 지나는 2~3코스가 개통하면서부터 사람들 발길이 부쩍 늘어 마을 민박과 가공 사업에도 큰 기회가 됐다. 현재 달오름마을에는 32가구가 민박을 하고, 농가맛집과 마을찻집 등도 들어서 새로운 소득원으로 자리 잡았다.

마을 공동사업이 성장하면서 마을회에서 운영하던 농촌관광사업은 2010년 남원달오름마을 영농조합법인이 결성돼 경영 체계를 갖췄다. 법인에는 향토 음식 체험관(마을 식당)과 민박, 가공 체험장과 농산물 전시 판매장이 있어 마을 특산물인 야콘한과를 비롯

1. 황태상 마을 이장(맨 오른쪽)이 주민들과 마을 벽면에 그릴 그림을 상의하고 있다. 2. 지리산 둘레길에서 내려다본 달오름마을 전경. 3. 달오름마을은 2년마다 재심사를 받는 농촌 관광 등급제에서 2014년과 2016년 연속 '으뜸촌'으로 선정됐다.

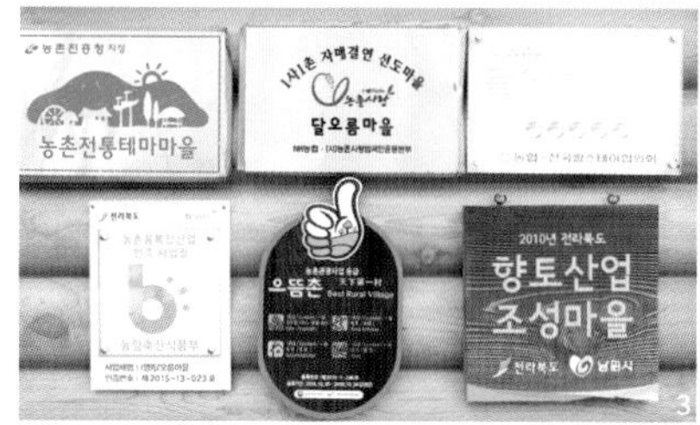

해 주민들이 지리산에서 채취한 약초로 직접 제조한 담금주 등 농특산물을 판매한다.

공동사업은 주민들의 농외소득원

구인월마을과 월평마을이 공동으로 출자해 만든 달오름마을 영농조합법인에는 참여 의사가 있는 모든 주민이 참여했다. 주민 63명의 출자금 5800만 원을 자본금으로 등기한 마을법인은 금액에 따라 출자증서를 발급해 재산 증식은 물론, 주민이 주인 의식을 갖고 마을 사업에 참여하도록 했다.

법인은 마을 식당과 농촌 체험, 가공 시설에서 발생하는 연인원 700명에 달하는 일자리를 주민에게 순번으로 제공해 안정적인 농외소득원을 제공한다. 마을이 알려지고 방문객이 몰려 법인의 매출이 늘면서 연말 배당도 함께 증가했다. 특히 공동시설의 가치가 상승하며 향후 자산 재평가를 통한 재산 증식도 기대돼 주민들도 적극적으로 참여한다.

1.박으로 만든 그릇에 온갖 야채를 골고루 넣고 비며먹는 흥부잔치밥상을 받아 든 외국인 방문객들이 즐거워하고 있다. 2.마을주민들이 직접 만든 짚풀공예 작품들. 방문객들도 함께 만들 수 있다.

마을 인근에 축구장과 풋살 경기장 등 널찍한 체육 시설이 들어서면서 마을 시설과 연계한 프로그램 운영도 다양해졌다. 물놀이 시설을 확충해 산과 하천이 조화를 이룬 휴식 공간을 개발하는 계획을 추진하고 있다. 지리산에서 발원한 맑은 물이 흐르는 마을 앞 하천에 물놀이 시설을 갖춰 마을에서 휴식을 취하며 산과 들, 하천을 마음껏 누리고 돌아가는 6차 산업 마을을 꿈꾼다.

2017년 3월호

INTERVIEW

황태상 달오름마을 대표

마을 이름 상표권 확보해 차별화 수단으로 활용

"오랜 기간 동안 주민들의 노력으로 이룩한 마을 이미지의 사용권을 반드시 확보해야 합니다. 마을 이름이 또 하나의 소득원이 될 수 있습니다."

황태상 달오름마을 대표는 "'달오름'에 대한 상표권을 갖고 있어 사용료를 받고 다른 지역에 이름을 대여해준다"고 강조했다.

2003년부터 농촌관광마을로 공동사업을 하고 있는 달오름마을은 2010년 마을법인을 결성하며 '달오름'을 상표로 특허청에 등록해 농업 관련 7개 상품류의 사용권을 확보했다.

마을이 알려지면서 '달오름' 상표도 덩달아 유명세를 얻어 전국 각지에서 식당과 펜션 등 사업체의 상표로 사용하려는 사람들이 연간 100만 원의 사용료를 내며 이름 사용 계약을 체결하려는 것.

"마을 홈페이지에 서체를 잘못 사용해 해당 업체에게 높은 사용료를 부과당한 경험"이 있는 황 대표는 "마을 이름 상표권 확보는 마을의 권리를 지키면서 마을에서 생산하는 농산물의 상표로 적극 활용해 마을을 차별화하는 데 필수"라고 주장했다.

우리 마을 자원

{ 체험거리 }

흥부잔치밥상

달오름마을을 전국적으로 유명하게 만든 효자 먹거리이자 마을 체험 상품. 조선 시대 흥부네 가족이 먹었음직한 바가지에 지리산에서 채취한 온갖 나물류를 넣어 비벼 먹는 먹거리다. 지역의 유명 요리사가 개발한 독자적인 조리법을 주민들이 배워 그대로 만든다. 맛도 맛이지만 바가지에 담아 먹는 비빔밥이 흥부 이야기와 버무려져 오래 기억된다.

흥부박공예

박을 삶아 속을 제거하고 잘 말려 적당한 크기와 특이한 모양을 선별해 공예품으로 쓴다. 본래의 모양과 색감을 최대한 살리면서 다양한 문양을 조각해 장식용 조명등 등 나만의 공예품으로 재탄생한다. 한 가족이 조명 하나를 만드는 데 드는 비용은 2만 원선. 장비가 많아 사전 예약은 필수다.

{ 마을특산품과 자원 }

달오름마을 야콘한과

마을 특산물인 야콘을 이용해 한과를 생산한다. 야콘에는 이눌린, 폴리페놀, 프락토올리고당 등 건강에 좋은 성분이 많아 참살이 음식으로 잘 알려져 있다. 야콘즙으로 조청을 만들고 마을에서 생산하는 찹쌀로 한과를 빚어 버무린다. 건강식으로 알려져 마을로 직접 주문하는 소비자가 많다. 설 명절이 있는 겨울철에 생산이 집중돼 주민들의 일자리 창출에도 한몫 단단히 한다.

지리산 둘레길

달오름마을은 지리산 둘레길 2코스 도착점이자 3코스 시작점이다. 지리산 둘레길을 걷는 관광객이 마을에 들러 민박을 하고 아침밥을 먹고 3코스를 돌아 귀가하는 코스가 인기다. 지리산 둘레길은 전북·전남·경남의 120개 마을을 잇는 285㎞의 장거리 도보 길이다.

한 걸음 더 들어가기

마을의 브랜드(상표) 관리 방법

요즘 주민들이 법인을 결성하고 공동사업을 하는 마을이 많다. 한 마을에 서너 개의 법인이 사업을 하는 경우도 흔하다. 이러다 보니 마을 이미지를 알리고 오래 기억되도록 브랜드를 만들고 관리하는 일은 좋은 농산물을 생산하는 것만큼이나 중요한 과제가 됐다.

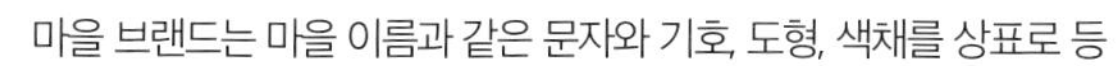

마을 브랜드는 마을 이름과 같은 문자와 기호, 도형, 색채를 상표로 등록해 활용하는 것이다. 마을 브랜드를 구성하는 요소는 상표권, 지리적 표시, 원산지 표시 등 지적 소유권을 얼마나 잘 등록해 마을 자산으로 확보하는가와 직결돼 있다.

이 가운데 상표권은 마을 브랜드 관리의 기본 중 기본이다. 마을 행정명은 공공 용어로 상표권으로 등록할 수 없지만, 오래전부터 전해 내려오는 자연마을 이름이나 특정 장소의 명칭은 상표로 등록할 수 있다. 하지만 주민들이 상표권에 관심을 기울이지 않는 사이에 타인이 먼저 찾아내 상표로 등록해 독점 권리를 획득하고 사용을 제한하는 어처구니없는 일들이 자주 발생한다.

전북 남원의 대표 브랜드인 춘향과 흥부놀부는 개인이 먼저 상표를 등록해 놓아 마을이 사용하려면 비용을 지불해야 하는 실정이다. 상표권은 가장 먼저 출원하는 사람에게 독점적 사용권을 주는 선출원주의를 채택하고 있기 때문에 벌어지는 일이다. 우리 마을의 권리를 지키는 상표 등록은 어떻게 하면 될까?

1. 상표로 등록할 마을 이름을 선정한다

주민들과 협의해 현재 사용하는 자연마을 이름을 비롯해 상표로 활용할 수 있는 특정 기호나 문자를 선별한다. 마을에서 등록하고자 하는 기호나 문자가 이미 등록된 상표는 아닌지 알아보기 위해 특허정보 검색 서비스인 키프리스(www.kipris.kr)에서 선행등록상표 조사를 진행한다.

2. 상표 등록 출원 과정을 진행한다

등록하려는 마을 이름이나 문자, 기호가 신규 등록이 가능한 것으로 판단되면 상표출원에 관한 서식을 작성하고 등록하고자 하는 상품류 구분을 지정해 특허청에 서류를 제출한다. 이 과정에서 변리사의 도움을 받으면 보다 쉽게 진행할 수 있다.

3. 상표는 등록 기간에도 사용할 수 있다

상표 등록 과정은 6개월 정도의 긴 시간이 걸린다. 신청한 상표에 관한 특허청의 심사를 통해 사용이 가능한 것으로 판명되면 상표권이 인정된다. 통상 상표권은 10년간의 독점권을 갖는다. 상표권 신청 기간 동안에는 '특허청 상표 출원 제○○호'와 같은 표시로 당장 활용이 가능하다.

1

전북 무주
설천면 호롱불마을

아름다운 경관과 인문정신 즐기다

덕유산 자락에 둘러싸인 호롱불마을은 흔히 보는 산촌 경관 그대로다.
마을 앞에는 남대천이 흐르고 동쪽으로는 벼루와 붓을 닮은 바위산이 솟아 있다.
아침마다 문필봉을 바라봐서인지 예로부터 선비가 많았고
근래에도 50명의 교사를 배출해 학자촌의 대를 잇고 있다.

“물 밑이 훤히 들여다보이니 신기해요”

덕유산 골짜기를 따라 흘러내린 남대천의 물길 위에 투명 카누가 떴다. 아이들이 짝을 이루고, 아버지와 아들이, 어머니와 딸이 한 배를 타고 노를 저으며 남대천의 물길을 따라 시원한 카누 여행에 나섰다.

투명 카누들은 한여름 뜨거운 햇빛을 받아 반짝이는 물결 위를 사뿐사뿐 떠다니며 자연과 하나가 된다. 발아래는 남대천이 품고 있는 물속 풍경이 펼쳐지고, 고개를 들면 강을 품은 산과 들의 모습이 한눈에 들어온다.

마을 앞을 지나 구불구불 돌아 나오는 남대천의 물길을 따라 마을에서 보이지 않는 꽤 먼 곳까지 여행을 떠났던 카누들은 한참 지나서야 하나둘 다시 돌아온다. 떠날 때만큼 힘찬 모습으로 노를 젓는 아이들이 있는가 하면 노 젓기가 힘에 부쳐 뒤처지는 아이들도 있다. 함께했던 부모는 자신의 배를 먼저 강둑에 붙여 놓고 수륙 양용차로 아이들의 배로 다가가 노 젓기에 힘을 보태며 가족의 소중함을 배운다.

마을법인 결성, 공동 출자로 농촌관광 시작

농촌관광사업 8년 차를 맞은 전북 무주 설천면 호롱불마을(hrbul.invil.org)은 7~8월이면 물놀이를 즐기려는 방문객의 발길로 마을 전체가 북적댄다. 남대천에서 투명 카누 여행이 진행될 시간에 동네 중심부에 있는 400세의 당산나무 아래에서는 마

1. 호롱불마을 앞을 흐르는 남대천에서 마을 방문객이 투명 카누를 타며 시원한 여름을 보내고 있다.
2. 호롱불마을은 동네에 있는 초등학교 건물을 체험과 숙박이 가능한 호롱불수련원으로 개조해 활용한다.

1.마을 입구에 호롱불마을 펜션이 있다. 가족 단위 방문객의 숙박과 체험장으로 쓴다. 2.카누 타기 체험에 나선 방문객이 배를 타고 물에 들어가기 전 준비운동과 함께 사기를 돋우고 있다.

을 투어가 한창이다. 농촌관광의 총본부 역할을 하는 초등학교 건물을 개조한 호롱불수련원에서는 또 다른 방문객들이 운동장에 모여 체육 활동을 하며 뜨거운 여름을 이열치열로 이겨낸다.

4월부터 몰려드는 방문객은 8~9월에 절정을 이루고, 단풍이 아름다운 11월까지 이어지며 1만 명이 다녀간다. 2011년부터 농촌관광사업을 시작한 호롱불마을 주민들은 영농조합법인을 결성해 체계적으로 방문객을 맞으며 공동 사업을 진행하고 있다.

밀양 박씨 집성촌으로 주변에 '반촌' 또는 터가 좋은 곳이란 의미로 '텃골'로 알려진 호롱불마을에서는 전체 주민 65가구 가운데 56가구가 농촌관광에 직간접으로 참여한다. 영농조합법인의 결성을 위해 가구마다 10만~500만 원을 출자했고, 주민이 방문객 맞이와 체험 활동에 참여한다.

농촌관광 거점마을로 지역 명소와 연계 관광 추진

농촌관광사업을 통해 마을사업의 가능성에 눈을 뜬 호롱불마을은 지난해 무주군 농촌관광 거점마을로 선정돼 제2의 도약의 기회를 맞고 있다. 앞으로 3년 동안 7억 원의 사업자금을 지원받으며, 현재 3~4인 가족이 숙박을 할 수 있는 시설을 준비하고 있다. 수백 년 동안 보존돼 온 마을의 전통문화를 바탕으로 독특한 놀이문화와 빼어난 자연환경을 즐길 수 있도록 체험 프로그램도 확충할 예정이다.

특히 덕유산 국립공원으로 들어가는 관문에 있는 지역 여건을 적극 활용해 인근 관광 자원을 연계한 관광 프로그램도 개발할 계획이다. 덕유산 국립공원을 비롯해 국립태권도원과 무주반디랜드 등 지역의 관광 명소를 함께 둘러볼 수 있는 숙박 관광 코스를 개발해 방문객을 유치할 방침이다.

2017년 9월호

INTERVIEW

박희축 호롱불마을 이장

마을에서 숙박하고 지역 명소를 관광하는 역할 분담 필요

"눈코 뜰 새 없이 바쁘지만 보람이 있으니 힘든 줄 모르고 마을 일을 합니다."

박희축 이장은 "최근 3~4년 가운데 올해가 가장 많은 사람이 마을을 찾아와 바쁜 시간을 보내는 중"이라며 "올해 연말에는 적지만 마을 주민에게 출자배당도 할 수 있을 것"이라고 말했다.

20년을 고등학교 교사로 재직하다 마을로 귀향한 박 이장은 "지인들이 왜 농촌마을로 들어가느냐고 걱정했지만 비전을 가지고 들어왔기에 더 열심히 하는 계기가 됐다"고 강조했다.

"농촌관광을 통한 6차 산업의 지속 가능성에 회의를 품는 사람도 있지만 우리 마을은 주변 환경이 좋고 자원이 충분해 성공 가능성이 매우 높은 곳"이라며 "마을 주민도 친인척으로 구성돼 단합이 잘되기 때문에 더 큰 기대를 갖고 있다"고 말했다.

"무주는 연간 500만 명의 관광객이 다녀가는 관광도시"라는 박 이장은 "때문에 농촌관광이 마을 소득원으로 정착할 가능성이 높지만 마을 특징을 살리지 못하는 운영이나 행정의 중복 투자로 관광객을 분산하는 결과를 가져와 안타까운 측면도 있다"고 지적했다.

'마을로 가는 여행' 등 무주의 농촌마을을 잇는 여행 코스를 진행하고 있는 박 이장은 "마을의 특징적인 콘텐츠를 개발하고 기존의 관광지와 연계해 마을에서 숙식을 하고 지역 관광 명소를 돌아보는 여행 코스를 행정기관과 함께 만들어보고 싶다"고 밝혔다.

우리 마을 자원

{ 볼거리 } **수형이 아름다운 당산나무** 조선 중기 명종 시대에 삼암 박이겸(1553~1613년)이 마을에 들어와 터를 잡으며 심은 것으로 전해진다. 수령이 400년이 넘는 두 그루의 느티나무가 제공하는 그늘이 좋아 마을 쉼터가 된다. 나뭇가지가 뿌리보다 아래까지 내려온 기이한 형태로 수형으로는 국내 최고라는 평가를 받는다.

{ 들을거리 } **꽃마차 마을 투어** 호롱불수련원에서 시작해 마을 쉼터인 당산나무를 거쳐 효자와 열녀 이야기가 전해오는 효열각을 지나 남대천 둑길을 따라 걸으며 경치가 빼어난 강선대를 보고 돌아오는 코스다. 손가락을 잘라 아버지의 목숨을 살린 효자 이야기, 주위 사람들이 벼슬을 추천하면 안 좋은 소리를 들었다며 귀를 씻었다는 세이소(洗耳沼) 등 감동과 흥미를 전해주는 명소가 여럿 있다.

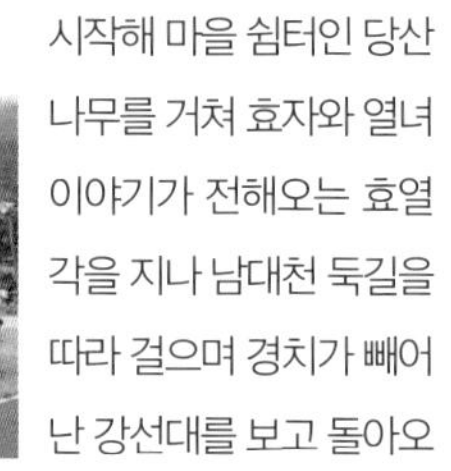

{ 체험거리 } **투명 카누와 뗏목 타기** 마을 앞 남대천에서 투명한 재질로 만든 카누를 타고 강의 생태계를 살펴보는 여름철 체험 프로그램이다. 물길이 잔잔한 곳에서는 뗏목을 타고 강을 건너며 옛사람들이 목재를 나르던 모습을 재현해볼 수도 있다.

풀잎 곤충 만들기 풀잎으로 다양한 곤충을 만들어보는 체험이다. 면이 넓은 풀잎을 주재료로 곤충 모형을 만든다.

{ 먹을거리 } **호롱불 비빔밥** 마을에서 생산하는 쌀로 지은 밥에 다양한 채소를 듬뿍 넣고 비벼 먹는 비빔밥. 주민들이 남대천에서 직접 잡은 다슬기를 삶아서 넣고 고추장에 비벼 먹는 맛이 일품이다.

{ 관광거리 } **국립태권도원** 태권도의 기술과 정신, 역사와 미래를 볼 수 있는 태권도박물관과 하루 2회씩 펼쳐지는 시범단의 공연을 볼 수 있다.

무주반디랜드 반딧불축제가 열리는 주요 무대다. 곤충박물관, 200여 종의 열대식물과 다양한 곤충이 함께 살아가는 생태온실, 별을 관측할 수 있는 천문과학관이 있다.

무주반딧불축제(www.firefly.or.kr) 무주 지역의 대표적인 축제다. 반딧불이 신비 탐사 등 생태탐험을 비롯해 문화 예술, 민속과 농촌 체험 행사가 매년 다양하게 펼쳐진다.

한 걸음 더 들어가기

마을에 깃든 인문정신 발견하기

호롱불마을에는 자연과 인간이 하나가 되는 인문정신이 있다. 인문학(人文學)이 인간을 연구하는 학문이란 측면에서 인문(人紋)학, 즉 인간이 살아온 무늬를 연구하는 것이라고 설명하는 이들도 있다. 무늬는 화려한 인간의 업적뿐만 아니라 그 속에 존재하는 정신문화를 일컫는다.

호롱불마을의 8경은 사람을 가장 아래(바탕)에 두고 사람을 둘러싸고 있는 자연을 최고의 아름다움으로 표현했다. 아름다운 경치나 경외감을 자아내는 자연을 마을의 경관으로 삼기보다는 일상에서 흔하게 만날 수 있는 자연 현상에 가치를 부여하는 인간의 심미안(아름다움을 살펴 찾는 안목)을 보여주려 했다는 점에서 인문정신을 읽을 수 있다.

특히 장소를 8경으로 강조하는 점도 특이하다. 밀양 박씨의 집성촌으로 오랜 기간 동안 대대로 살아온 마을에 대한 자긍심과 그 테두리 안에서 보이는 자연과 순환에 순응하려는 선조들의 정신을 담고 있다. '장소'는 그 속에 살아가는 사람들의 고유성과 역사성, 정체성을 두드러지게 하는 특성이 있어 인간다움이 '장소'에서 찾아진다고 강조하는 학자도 있다. 이런 의미에서 호롱불마을은 오랫동안 마을에 전해오는 인문정신을 캐내고 적용하기에 더없이 좋은 '인문학의 장소'라고 할 수 있다.

1. 마을의 정체성을 인문정신으로 드러내자.
2. 마을 투어로 선조들의 인문정신을 알리자.
3. 오감으로 마을의 8경을 느끼게 하자.

호롱불마을의 자연을 품은 8경

제1경 **인봉조양(仁峰朝陽)** : 문필봉에 떠오르는 아침 햇살(日)

제2경 **쌍계제월(雙桂霽月)** : 문필봉 뒤 계수나무 위로 떠오르는 만월(月)

제3경 **오석유어(烏石遊漁)** : 남대천 바닥의 검은 돌이 보이는 맑은 물속에 노니는 물고기(水)

제4경 **대문창공(大門蒼空)** : 문필봉의 벼루와 붓 바위 위로 보이는 하늘(天)

제5경 **노량면구(鷺梁眠鷗)** : 남대천 노량목 위에 한가로이 앉아 있는 새(鳥)

제6경 **강선광풍(降仙光風)** : 강선대를 타고 넘는 시원한 바람(風)

제7경 **고무취람(高武聚藍)** : 고무골에 평안하게 피어오르는 아침 안개(霧)

제8경 **장원농가(壯苑農歌)** : 넓고 비옥한 들녘에서 들려오는 농요 소리(人)

1.마을의 농악 놀이패가 당산나무를 지나고 있다. 2.마을 앞 남대천이 휘감아 나가는 곳에 강선대가 있다. 마을의 상징인 강선대는 많은 이야기를 품고 있다.

1

대전 중구
무수천하마을

하늘 아래 근심 없는 마을

대전 시내에서 차로 20분 거리에 있지만 대도시의 흔적이라곤 찾아볼 수 없다.

보문산 언고개를 넘어 들어오는 마을 입구는

마주 오는 차를 간신히 피할 만큼 비좁아 깊은 산촌과 다를 게 없다.

하지만 마을로 들어서면 뜻밖의 보물이 기다리고 있다.

무수천하마을은 안동 권씨가 모여 사는 집성촌이다. 권씨가 아니고서는 마을로 이사 오기조차 쉽지 않다. 주민 대부분 친척 관계이기 때문이 아니다. 보문산 일대가 개발 제한 구역(그린벨트)으로 지정된 탓에 집을 지을 수 없어 외지인이 들어올 수 없단다.

그나마 마을로 들어오는 사람들은 주민들의 자제. 공부를 위해 나갔던 자녀들이 나이가 들어 하나둘 귀향하는 것이 전부다. 집을 지을 수 없다 보니 부모의 집을 물려받은 사람이라야 이사를 할 수 있어서다. 집이 없어 살림을 대전 시내에서 하고 생활은 마을에서 하는 가구도 있을 정도다.

이렇다 보니 자의 반 타의 반으로 전통이 잘 보존됐다. 마을에는 310년 전인 1707년 마을로 처음 이주해 자리를 잡은 권이진 선생(1668~1734)이 부모의 묘를 이곳으로 이장한 후 추모하기 위해 세운 첨배소인 유회당이 잘 보존돼 있다. 당명을 유회당이라 지은 이유도 그가 지은 시구 가운데 '명발불매 유회이인(明發不寐 有懷二人)' 즉, '두 분의 부모님이 그리워 밤을 지새운다'는 내용의 시에서 따온 것이라 한다.

마을에는 유회당 외에도 권이진 선생이 부모의 묘소 관리를 위해 지은 여경암, 아이들을 가르치던 서당인 거업재, 권이진 선생이 살았던 종가가 보존돼 있다. 이들은 대전시 유형 문화재로 지정돼 관리된다. 마을 입구에서 거업재까지 500m를 두고 유서 깊은 조선 시대 건축물이 곳곳에 자리해 선조의 삶을 유추해볼 교육장이 되고 있다.

1. 유회당에 올라 바라본 마을이 아늑하다. 2. 마을과 10년째 관계를 맺고 있는 마당극패 '우금치'를 통해 마을을 방문한 충남대 탈춤연구회 동문들이 유회당 뒤뜰에서 봉산탈춤을 선보이고 있다.

마을의 문화유산 알리려 농촌관광 시작

무수천하마을은 마을에 있는 역사적 시설과 제례, 마을축제의 맥을 잇기 위해 2006년 전통 테마마을로 지정됐다. 마을에는 한 해의 안녕과 풍년을 기원하는 정월 대보름 달집태우기 등 전통 놀이가 잘 유지되고 있다. 2008년에는 대전의 대표 전통 놀이로 인정받아 제주도에서 열린 전국대회에 주민들이 출전해 마을을 알렸다. 이때 전통 보존의 필요성을 대전시에 적극 설명해 마을에 다목적회관을 짓는 계기가 됐다.

주민들은 마을의 전통과 축제, 문화유산의 가치를 재발견하고 이를 알리기 위해 농촌관광을 시작했다. 농협의 팜스테이 마을로도 지정돼 전국 경진대회에서 최우수 등급을 획득했다. 마을이 외부에 알려지며 연간 수만 명의 관광객이 방문한다. 이 가운데 전통문화를 체험한 도시민이 1만 5000명을 넘었다.

하지만 방문객이 증가하며 마을의 걱정도 덩달아 늘었다. 주민들의 고령화가 급속하게 진행되면서 마을 사업에 일손이 늘 부족하다. 또 농촌관광과 곁들인 농산물 가공 등 소득 시설을 생각하고 있지만 그린벨트 규제로 애를 태우고 있다.

무수천하마을은 전통문화 체험을 중심으로 100여 개의 체험 프로그램을 운영한다. 여행사를 통한 관광객과 대전 시티투어로 마을을 찾는 방문객의 체험 관광이 해마다 늘고 있다. 그러나 젊은 사람들이 마을 사업을 담당하기에는 규모가 작아 선뜻 나서는 사람이

1.무수천하마을 입구. 2.마을에서 진행하는 천연염색.

없다. 마을에서는 농산물의 유통과 가공 사업을 병행해 공동 사업의 소득을 늘려보려 하지만 그마저 여의치 않다. 전통 테마마을의 이미지를 살려 강정과 한과를 만들 계획을 세워 시설자금까지 확보한 상태지만 그린벨트 규제 조항에 묶여 가공 시설의 설치가 불가능해 계속 미뤄지는 실정이다.

2018년
7월호

INTERVIEW

권용제 무수천하마을 영농조합법인 대표

마을에 '치유의 숲' 들어서 마을 소득 기대

권용제 무수천하마을 영농조합법인 대표는 요즘 몸과 마음이 분주하다. 마을이 알려지며 방문객이 최근 5년 새 4배 이상 늘어 법인의 일이 많아졌다. 특히 2019년 준공을 앞둔 '치유의 숲'과 관련된 마을의 개발 방안을 구상하느라 바쁜 시간을 보내고 있다.

대전시는 총사업비 85억 원을 들여 무수천하마을 뒷산인 보문산 일원에 '치유의 숲'을 조성하고 있다. '치유의 숲'에는 숲을 이용한 치유센터·삼림욕장·산책로 등이 조성될 예정이다.

"'치유의 숲'으로 들어가는 입구가 마을에 생깁니다. '치유의 숲' 안에 숙박과 식당을 세울 수 없어 마을에서 숙식을 제공해야 해 공동 소득을 올릴 수 있는 기회가 될 것 같습니다."

무수천하마을은 '치유의 숲'을 방문하는 사람들이 마을에서 편의시설을 이용할 수 있도록 팜스테이 농가의 민박과 마을 식당, 마을 펜션을 늘리고 먹을거리를 개발하는 데도 주민들의 의견을 모으고 있다. 또 주민들이 '치유의 숲' 프로그램 운영에 직접 참여하도록 숲 해설사와 농어촌마을 해설사 자격 취득을 돕고 주민을 대상으로 한 교육도 늘리고 있다.

"마을이 변화의 기회를 맞고 있지만 주민들의 연령이 높고 각종 규제가 심해 안타깝다"는 권 대표는 "젊은 후배들이 마을로 들어와 정착해서 전문가로 일할 수 있도록 농업 관련 분야에 대한 시설 규제를 완화해야 한다"고 강조했다.

우리 마을 자원

{ 유회당 }

대문을 열고 들어서면 활수담(活水潭)이란 연못이 있고, 돌계단 위에 조성된 유회당의 모습이 기품 있고 아름답다. 조선 영조 때 호조판서를 지낸 권이진 선생이 부모의 묘에 제사를 지내고 후손을 교육하기 위해 1714년(숙종 40년)에 지은 조선 시대 건축물이다. 권이진 선생의 문집 판각 246판이 보관된 장판각과 제사를 지내던 재실인 기궁재가 있다.

{ 거업재 }

권이진 선생이 세운 건물. 거업(居業)은 '군자의 도를 배운다'는 뜻으로, 요즘 말로 전인 교육을 위해 설립한 서당이다. 마을과 500m 떨어진 운남산 깊은 골짜기에 위치해 산책을 하며 선조의 가르침을 되새겨보는 의미 있는 곳이다.

{ 문집 판각 탁본하기 }

권이진 선생이 남긴 서책을 본떠 만든 판각을 탁본해 가져가는 체험이다. 한시의 의미를 주민의 해설로 들으며 효(孝)와 자연 존중 사상을 배운다. 자신의 호(號)를 정해 이름과 함께 찍으면 훌륭한 마을 방문 기념품이 된다.

{ 전통 음식 만들기 }

전통 테마마을답게 전통 먹을거리 체험이 많다. 마을에서 생산하는 쌀과 검정콩을 이용해 강정과 두부 만들기, 전통 쌀엿을 만드는 체험이 인기다. 된장·고추장·청국장과 같이 장류를 주민들과 함께 만들어가는 체험도 방문객이 선호한다.

{ 천혜향 수확 체험 }

무수천하마을에는 3가지 특산물이 있다. 오래전부터 재배해오던 부추와 최근 재배 면적이 늘고 있는 삼채, 그리고 천혜향이다. 비닐하우스에서 재배하는 천혜향은 11~1월 한겨울에 생산해 제주도(2월)와 출하 시기가 다르고 당도도 높다. 중부 지방에서 천혜향을 맛볼 수 있어 관심을 모은다.

{ 전문가 진단 }

걸으며 인문학 배우는 '별업 하거원 원림'

'별업(별장) 하거원 원림'은 유교와 도교, 자연 존중 사상이 조화를 이룬 한국의 전통 정원이다. 권이진은 부모의 묘를 이전하고 묘역을 중심으로 자연과 어울리는 정원을 20년이란 긴 세월에 걸쳐 만들었다. 부모의 공덕을 기리는 유회당을 비롯해 기궁재, 삼근정사, 여경암과 거업재를 자연과 조화를 이루도록 설계했다.

권이진이 직접 산과 들을 밟으며, 나무와 돌과 같은 자연 하나하나를 만지고 보고 생각하며 건축물을 배치한 정원이다. 건축물마다 경내에 별도의 정원을 설계하고 자연을 해치지 않고 그대로 살려내 소박한 느낌을 준다. 각 건축물과 주변 자연이 조화를 이루고 내경과 외경이 자연스럽게 결합되며 대자연을 품은 정원으로 완성됐다.

'별업 하거원 원림'의 중심이 되는 유회당 내부의 정원 경관은 그중 으뜸으로 꼽힌다. 대문을 열고 들어서면 바로 아담한 활수담이 있다. 연못 중앙에는 작은 다리를 놓아 세상과 구별되는 경건의 공간을 꾸몄다. 다리 건너에 자연적 경사를 이용한 돌계단을 설치해 부모를 향한 경건의 의미를 더했다. 유회당 뒤에는 넓은 들을 만들고 소나무를 심어 정숙함을 강조했다.

특히 권이진은 '하거원기'나 '거업재기' 등 각각의 건축물을 건축할 때마다 설계도와 장소적 의미를 상세히 기록해 그 내용이 지금까지 전해진다. 이 기록을 통해 권이진이 하거원을 어떻게 의미 있는 장소로 완성했는지 추적해볼 수 있어 전통 정원의 귀중한 자료로 평가받는다.

하지만 마을에는 하거원의 정원이 담고 있는 의미를 알려주는 해설 자료가 부족한 것이 아쉽다. 각 건축물의 기능과 역사에 대한 기술은 있으나 하거원 전체를 조망할 수 있는 자료는 부족하다. 정원에 담긴 사상적 배경과 의미를 설명하는 시청각적 해설 자료를 확충할 필요가 있다. 사전에 설명을 듣고 각각의 시설과 자연을 둘러보며 산책할 수 있는 탐방로를 조성하면 그 의미가 새롭게 다가올 수 있다. 이를 통해 선조들의 효와 자연 존중 사상을 오감으로 경험해볼 수 있는 인문학적 탐방 코스로 개발할 수도 있겠다.

1. 아름다운 한국 전통 정원을 되살리자.
2. 정원에 깃들어 있는 사상을 알리자.
3. 종가·유회당·거업재를 잇는 인문학 산책로를 만들자.

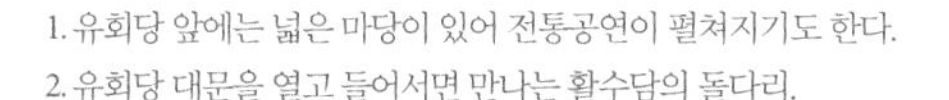
1. 유회당 앞에는 넓은 마당이 있어 전통공연이 펼쳐지기도 한다.
2. 유회당 대문을 열고 들어서면 만나는 활수담의 돌다리.

전남 순천
낙안읍성 민속촌

초가집 옹기종기, 조선시대 마을을 엿보다

조선시대 서민들이 모여 살던 옛 모습을 그대로 간직한 낙안읍성 민속촌에는 280호의 초가집이 모여 있다. 동헌과 객사 등 옛 관공서 건물을 제외하고는 기와집이 없는 것이 특징이다. 낮은 석성 안쪽으로 전통적인 옛 고을 모습이 고스란히 보존돼 읍성으로는 국내에서 처음 사적 제302호로 지정됐다.

조선시대의 계획도시 낙안읍성민속촌

읍성(邑城)은 성곽으로 둘러싸인 지방 고을의 치소가 있던 곳이다. 읍성은 국경 지대나 내륙의 중요 지리적 요충지에 세웠다. 지방의 정치·경제·문화·교육의 중심지이자 군사적 요새로서의 기능을 동시에 맡도록 설계된, 지금으로 말하면 계획도시라고 볼 수 있다.

조선시대에는 전국에 58개 읍성이 있었으나 지금은 10개 읍성이 남아 있을 뿐이다. 낙안읍성·고창읍성·해미읍성 등이 있는데 그중 낙안읍성이 옛 모습을 가장 잘 보존하고 있다.

낙안(樂安)은 남해안에 출몰하는 왜구의 노략질을 막고자 벌교에 세웠던 파지성을 고려 초에 현재의 위치로 옮겨오면서 불려졌다. 아마도 비교적 넓고 비옥한 평야지대로 사람들이 모여 살던 곳으로 치소를 옮길 필요성이 있었기 때문으로 보인다.

조선 건국 후에는 태조 6년에 처음으로 토성을 축조해 성읍으로서의 모습을 갖췄다. 제16대 왕 인조 때인 1626년에는 임경업 장군이 낙안군수로 부임해 임진왜란 때 훼손된 토성을 자연석을 이용해 석성으로 증축했다. 높이 4m, 폭 3~4m, 길이 1.4㎞로 증축된 자연석 성곽은 400년이 지난 지금도 든든하게 서 있어 당시의 문화를 후손에게 전해주는 보물창고와 같은 역할을 한다.

1, 2. 자연석으로 이뤄진 낙안읍성 민속촌의 성곽은 고려 초에 토성으로 축성됐고, 조선 인조 때 임경업 장군에 의해 자연석을 이용한 석성으로 증축돼 지금에 이르고 있다.
3. 마을 중심부에 있는 빨래터. 지금도 마을 주민들이 간단한 빨래를 한다.

유네스코 세계문화유산 잠정목록 등재

낙안읍성 민속촌(www.suncheon.go.kr/nagan)에는 지금도 주민 300여 명이 초가집에 살며 생활하고 있다. 충남 아산 외암민속마을이나 경북 안동 하회마을에도 주민들이 살고 있지만 씨족마을로 양반 문화가 중심이라면 낙안읍성 민속촌은 지방의 행정기관과 서민 사회의 모습을 고스란히 간직하고 있다.

조선시대 지방 행정기관인 관아와 성곽, 서민 생활과 경제를 엿볼 수 있는 민가군, 전통적인 세시풍속과 의례 등이 균형 있게 잘 보전돼 있다. 이 때문에 조선 시대의 지방 행정 운영 사례를 보여주는 국내 유일한 역사 공간으로 평가받는다.

특히 초가집 280채가 원형 그대로 보존되고, 그 가운데 9채는 국가 중요민속자료로 지정돼 있다. 초가집 9채는 남부 지방의 전통적인 주거 공간인 일자형 초가집으로 당시의 주거 문화를 알아볼 수 있다. 문화재청은 낙안읍성이 가진 문화적 가치를 보존하고, 세계에 알리려고 2011년 유네스코 세계유산센터에 세계문화유산 잠정목록 신청서를 제출해 그해 3월에 잠정목록에 등재했다.

주민자치로 세계적 유명 관광마을 추구

낙안읍성 민속촌은 1983년 사적 제302호로 지정되며 정부 차원의 보존이 결정됐다. 하지만 주민들이 사적지구 안에 거주하며 생활하는 특성 때문에 읍성 운영권을 두고 주민들과 지자체 간의 갈등이 계속돼왔다.

사유 재산이 대부분인 낙안읍성 민속촌의 입장권을 순천시가 통합 운영해 ▲입장료 배분 ▲초가지붕 잇기와 담장 보수 등 문화재 보수사업의 관광 상품화 ▲주민 중심의 축제와 전통 먹거리 제공 등 관광 콘텐츠 개발과 운영권을 두고 주민들과 지자체가 의견 차이를 보이고 있다.

성기숙 한국예술종합학교 교수는 “동헌·민가·객사·우물과 같은 민가 건축물이 남아 있고, 사람들이 사는 점이 박제화된 유적이나 유물과는 큰 차이점”이라며 “읍성의 역사성을 보존하면서 주민의 생활공간으로서의 지속성을 담보하고자 주민이 주체가 되고 관이 조력하는 민관 협력 체계가 반드시 갖춰져야 한다"고 강조했다.

2019년 3월호

INTERVIEW

송상수 (사)낙안읍성보존회장

초가집 지키며 살아온 주민들의 자치권 늘려야

"낙안읍성은 유럽의 중세 도시에 버금가는 세계적인 문화유산입니다. 주민들의 자치를 통해 서민들의 놀이 문화가 곁들여진다면 그 빛을 더욱 발할 것입니다."

35년째 낙안읍성 문화재 보호에 앞장서고 있는 송상수 낙안읍성보존회장은 "조선 시대의 서민 문화유산을 잘 간직하고 있는 것은 기적"이라며 "주민들이 읍성 안의 돌 하나, 나무 한 뿌리도 유출되지 않도록 지켜낸 결과물"이라고 말했다. 문화재 보호 노력의 산물이 주민들에게 돌아가고, 스스로 자긍심을 가지고 후손들에게 물려주도록 낙안읍성을 주민 자치로 운영해야 한다는 게 송 회장의 주장이다.

낙안읍성을 지키기 위한 사람들의 모임인 '낙안포럼'과 낙안읍성보존회는 민속촌 환경 관리와 체험장 · 장터 난전의 운영권을 보존회로 넘겨, 수익금을 주민 복지에 사용하는 방안을 순천시에 제안해 놓고 있다. 또 '초가지붕 잇기 협동조합'을 만들어 낙안읍성에 있는 280채의 초가지붕을 잇는 사업을 연중 축제화 하는 방안과 성곽 보수 작업에도 주민을 참여시켜 일자리 창출과 함께 지역 주민을 문화재 보수 전문가로 양성하는 방안을 적극 주장하고 있다.

송 회장은 "주민들에게 하루 일당을 주고 일을 시키는 것은 낙안읍성 민속촌의 지속 가능한 운영 방법이 아니다"며 "주민들이 세계적인 자원을 보존하고 유지하는 주체로 인식될 수 있도록 자치권을 늘려야 한다"고 강조했다.

이와 함께 "조상이 물려준 이곳을 후손에게 유산으로 물려주고 싶은 것이 유일한 욕심"이라며 "관과 주민의 역할 분담을 통해 실제 초가집을 지키고 살아온 주민들의 젊은 자녀 세대가 마을로 돌아와 정착할 수 있도록 기반을 마련해줘야 한다"고 말했다.

{ 조선시대의 지방 행정기관 동헌과 객사 }

성곽 안에 동헌과 객사, 주거지와 상공업 시설이 한데 모여 있는 곳은 낙안읍성 민속촌이 유일하다. 읍성의 주요 출입문인 동문을 따라 오른쪽으로 객사 · 동헌 · 내아가 차례로 배치돼 있다. 객사는 관아에서 으뜸가는 건축물로, 중앙 관리나 외국 사신이 머물던 숙소다. 동헌은 지방 수령이 사무를 보던 지방 관아 건물이고, 내아는 수령의 살림집이다. 객사는 전남 지방문화재 제170호로 지정돼 있다.

{ 중요민속자료 초가삼간 }

낙안읍성 민속촌에는 이방집 등 9채의 중요민속자료가 있다. 남도 지방의 일자형 삼간집이지만 집마다 구조적 특징을 살려 이름을 붙였다. 고을 향리가 살았던 이방집, 안방과 윗방의 방문 앞에 들마루가 있는 들마루집, 성벽이 마당 끝에 붙어 있는 성벽집 등이다. 초가삼간에 장독대 · 헛간 · 닭장이 붙어 있고, 마당에는 채마밭이 있어 서민들의 삶의 방식을 엿볼 수 있다.

{ 고을 관리와 주민들의 소통 공간 장터 난전 }

객사 앞을 지나는 대로인 동문과 남문으로 이어지는 갈림길에 시장이 열렸다. 장이 서는 날은 전국의 고을 소재지 전통 장이 모두 2일과 7일장이다. 지역 주민들이 생산한 농산물과 땔감, 해산물을 내다 팔고 생활필수품을 구매하던 장터다. 지금은 전통 장이 서지 않지만 주민들이 운영하는 대장간과 토산품점, 기념품점, 토속 음식점이 들어서 있다.

{ 전통문화 재현하는 낙안읍성 민속문화축제 }

제25회의 연혁을 가진 낙안읍성 민속문화축제는 볼거리가 풍성한 가을에 열린다. 낙안읍성의 특징을 살린 백중놀이, 성곽 쌓기, 기마장군 순라의식 등 조선시대의 전통문화를 재현해 재밋거리와 체험거리를 제공한다.

1.조선시대의 지방 행정기관 동헌. 2.낙안읍성 민속촌의 소박한 초가집. 남도 지방의 일자형 삼간집으로 집마다 구조적 특징이 다르다. 3.낙안읍성 민속문화축제에서 '기마장군 순라의식'을 재현한 공연이 펼쳐지고 있다.

테마가 있는 마을 여행

묵향·예향 가득한 낙안읍성 공재서당

"올해의 소원을 써보세요. 남기고 싶은 글귀가 있으면 써놓고 가도 됩니다."

낙안읍성 민속촌의 경치를 한눈에 내려다볼 수 있는 곳. 읍성의 가장 높은 전망대 아래에 공재서당이 있다. 낙안읍성 민속촌을 방문한 관광객이라면 누구나 들르는 코스인 전망대로 가는 길목에 있어 서당은 사람들의 발길이 가장 빈번한 곳이다.

서당 툇마루에 펼쳐놓은 문방사우로 좋은 글귀를 써 내려가던 공재 김일명 훈장은 관객이 하나둘 모여들자 본격적인 공연을 펼친다. 무명 도포를 고풍스럽게 차려입은 김 훈장은 서당을 소개한 뒤 대금과 가야금을 연주하며 사람들의 시선을 사로잡는다. 옆에 앉아 먹을 갈던 부인은 연주가 시작되자 소리에 맞춰 전통 춤사위를 보여주며 사람들의 흥을 더한다.

"낙안읍성 민속촌은 대한민국의 고향과도 같은 곳입니다. 마을을 돌아보며 우리만의 정서를 듬뿍 담아갔으면 좋겠습니다."

고풍스러운 차림새와 명필의 서예 솜씨, 한국의 예절을 가르치는 강론을 통해 명물이 된 서당과 훈장 부부는 올해 초에도 새해 소망 쓰기 행사를 진행해 낙안읍성 민속촌을 알리는 데 선봉에 섰다. 서당 앞에 있는 채마밭에 줄을 띄우고 관광객들이 올해의 소망을 써서 걸어놓는 행사를 펼쳐 1800여 장의 새해 소망을 서로 읽어보며 의지를 다지도록 한 것.

지난해에는 관광객을 대상으로 낙안읍성의 숙원인 유네스코 세계문화유산 등재를 기원하는 서명을 받아 2만 명을 넘기기도 했다. 김 훈장은 "관광객에게 안방을 내주고 번호표를 받아가며 서당 체험을 진행하고 있다"며 "낙안읍성 민속촌은 세계 어디에 내놓아도 손색이 없는, 생명력이 넘치는 우리 전통문화의 실체"라고 강조했다.

1. 공재서당 체험에 참가한 아이들이 성곽 위에서 전통 예절을 배우고 있다. 2. 공재서당을 방문한 관광객들이 김일명 훈장이 연주하는 가야금연주를 듣고 있다.

한국을 대표하는 농촌체험마을 10곳
도대체 무슨 볼거리 · 놀거리 · 즐길거리를 가득 채웠길래
도시민의 발길이 끊이질 않을까
'일상'을 '체험'으로 만든 비결은 뭘까

제2부

즐거움이 가득한 농촌마을

行樂

충북 단양
가곡면 한드미마을

끊임없는 새로움 추구로 도시민 유치

마을의 장점을 살리고 약점을 보완하는 주민들의 노력이 농촌관광의 명소로 발돋움하는 원동력이 됐다. '농촌 유학'이라는 신조어를 만들어낸 성공 모델인 충북 단양 가곡면 어의곡 2리 한드미마을의 유학센터는 마을의 문제점을 해결하려는 노력에서 시작됐다.

한드미마을(www.handemy.org)의 유학센터에는 전국 대도시에서 농촌으로 유학을 온 42명의 아이들로 북적인다. 해마다 20명의 신입생을 뽑는 농촌 유학 사전 캠프에는 200여 명이 몰려 10대 1의 높은 경쟁률을 보이고 있을 정도다. 6개월 단기 유학으로 시작한 유학 기간도 초등학교를 졸업한 후 중학교 입학으로 이어지며 장기 유학을 원하는 학부모들이 늘어 '한드미 대안학교'를 준비하고 있다.

이같이 성공적 모델로 통하는 농촌 유학의 첫 시작은 젊은이를 농촌에 유치하고자 했던 생각에서 비롯됐다. 2000년부터 농촌관광을 시작해 2005년 노무현 전 대통령이 마을을 다녀가면서 한 해 마을 방문객이 3만 명을 넘어서 마을에서는 감당할 수 없을 만큼 규모가 커졌다. 30여 가구의 평균연령이 65세를 훨씬 넘는 노인들로서는 밀물처럼 몰려드는 방문객을 감당하기 어려워지자 선택적 체험을 선언했다. 마을에서 받을 수 있는 인원만 골라 받으며 체험 서비스의 품질을 유지하는 동시에 마을 출신 자녀의 귀향과 젊은이들 유치를 추진했다.

하지만 농촌 체험에 관심을 가지고 귀농한 젊은이들도 2007년 가곡초등학교 대곡분교의 폐교가 결정되자 하나둘 마을을 떠났다. 주민들은 지속가능한 마을의 성장을 위해 초등학교와 중학교의 폐교를 막기 위해 '농촌유학'이라는 새로운 아이디어를 냈다. 현재 한드미마을에는 전체 주민 47가구 가운데 15가구가 새롭게 마을로 귀농한 가구이다.

1. 한드미마을로 농촌유학을 온 아이들 덕분에 마을에 활기가 넘친다. 2. 아이들은 방과 후 활동으로 기타와 드럼 등 악기를 배운다. 3. 마을 방문객들이 한드미마을의 특색체험인 삼굿구이에 참여하며 신기해하고 있다.

농촌유학 아이들의 농촌체험 활동.

차별화된 체험 상품 개발로 명소로 발돋움

한드미마을의 새로운 시도는 농촌유학센터가 처음은 아니다. 농촌 체험의 대표적 상품으로 인기를 끌고 있는 삼굿구이 체험도 한드미마을에서 시작됐다. 마을을 대표하는 차별화된 체험 상품을 고민하던 주민들은 옛날 모시풀에서 실을 뽑으려고 모시 대를 찌던 방법을 이용해 감자·고구마·옥수수 등 농산물을 쪄서 먹는 삼굿구이를 전국 처음으로 선보여 유명세를 탔다. 이 덕분에 대통령까지 마을을 방문하는 호사를 누렸다.

특허를 등록한 삼굿구이 외에도 떡메 치기, 뗏목 타기 등 농촌 체험 프로그램도 가장 먼저 시작했다. 2013년에는 농촌 마을로서는 세계 최초로 에코빌리지(Eco-village)와 에코투어리즘(Eco-tourism) 인증을 받는 등 한드미마을의 성장 인자 속에는 '새로움'이라는 단어가 늘 따라다닌다.

2015년 4월 개장을 목표로 요리법(레시피) 개발에 주력하고 있는 '약선 음식'도 새로운 개념의 음식 문화를 추구한다. 마을에서 생산된 안전한 농산물에 몸에 좋은 약초를 넣어 음식을 조리하는 보양식의 개념에서 한 발짝 더 나아가 농축산물 고유의 영양과 맛을 살려내는 약선 음식을 계획하고 있다. 16가지의 약초를 이용해 만든 '몸차'로 독을 제거해서 먹는 약선 음식의 권위자인 권민경 영산대학교 교수의 조리법을 전수받아 한드미마을만의 독특한 약선 음식을 제공할 준비를 서두르고 있다.

노인 복지 사업이 마을의 최종 목표

한드미마을의 다음 목표는 마을 주민들에 대한 복지사업이다. 고령 인구가 많은 농촌 마을의 경우 노후에 대한 대비가 부족하고 독거노인이 많은 점을 개선하려고 마을 양로원인 '호스피탈리티움' 건설을 추진하고 있다. 유학센터, 농촌 체험, 마을 식당 등 마을의 도농 교류 사업에서 벌어들인 수익을 기반으로 마을단위 양로원 시설을 설립해 마을 주민들을 최소 비용으로 돌볼 수 있도록 계획하고 있다. 물론 마을 주민뿐만 아니라 농촌에서 여생을 보내고 싶어 하는 도시의 노인들도 일정 수준의 비용을 부담하고 들어올 수 있도록 하는 복지 사업을 구상하고 있다.

2014년 11월호

INTERVIEW

정문찬 한드미마을 대표

1일 대통령 체험 프로그램 제공 계획

"특이하고 차별화한 한 가지 체험만 있어도 농촌 마을은 얼마든지 성공할 수 있습니다."

정문찬 한드미마을 대표는 "마을을 상징하는 체험을 개발하려고 15년간 시도한 다양한 체험을 모아 지금의 한드미마을을 만들었다"고 강조했다.

"독특한 체험은 언제나 마을에서 아이디어를 얻고 생각을 확장시켜 나가는 과정의 산물"이라 는 정 대표는 "내년부터는 1일 대통령 체험 상품을 개발해 기존 농촌 체험과는 격이 다른 가치 체험 상품을 만들고 싶다"고 말했다.

2005년 고 노무현 대통령이 마을을 방문해 체험했던 마을 투어 코스를 따라가며 떡메 치기와 삼굿구이 등 농촌 체험과 여가, 약선 음식을 조합해 고가의 체험 상품으로 제공하겠다는 것.

"귀농 첫해부터 약선 음식의 꿈을 키워 마침내 결실을 보게 될 것 같다"는 정 대표는 "보양식과는 개념부터 다른 약선 음식이 제공되면 연간 10만 명 방문에 한 걸음 더 다가서게 될 것"이라고 확신했다.

우리 마을 자원

{ 옛 마을 전통 체험관 }

2005년 고 노무현 대통령이 마을을 방문해 떡메치기를 하던 돌떡판이 그대로 남아 있다. 당시에는 빈집을 리모델링해 전통 체험관으로 사용했지만 지금은 주인이 입주해 살고 있다. 옛 전통체험관이 있는 곳은 마을의 '명동'으로 불리는 중심가로 돌담길이 잘 조성돼 있다. 허리를 밑도는 나지막한 돌담 너머로 보이는 농가의 가을맞이 풍경이 이채롭다.

{ 마을 빨래터 }

오래전부터 마을의 부인네가 모여 빨래를 하던 장소를 마을의 정보 나눔 공간으로 재구성했다. 소백산의 깊은 계곡에서 맑은 물이 사시사철 끊이지 않고 흘러내려 방문객의 족욕장으로도 인기가 높다. 빨래터 앞에는 마을의 상징인 물레방아와 마을 펜션으로 이어지는 계곡의 오솔길이 아름답다.

{ 농촌유학센터 }

마을로 유학을 온 초등학교 아이들이 생활하는 곳이다. 2층짜리 현대식건물의 1층은 공용 공간이며, 2층은 아이들이 단체로 생활하는 공간이다. 10여 명의 아이가 한 방에서 생활해 가족 같은 정을 느낄 수 있다.

유학센터 건물 주위에는 밤나무 · 호두나무 · 대추나무 · 고욤나무 등 유실수가 많아 가을이면 아이들이 열매를 모았다가 겨울철 간식으로 이용한다.

전문가 진단

내발적 마을 발전 모델 *

한드미마을은 내발적(內發的) 마을 발전 모델의 대표적인 마을이다. 마을이 가진 자연과 인문 환경 속에서 마을 발전의 근원을 마을 주민 스스로 찾아내고 발전시켜 가는 방식이다. 한드미마을은 내발적 발전의 구성 요소인 지도자와 조직, 자원과 활동, 외부 지원 등 5가지를 잘 갖추고 있다. 소백산 계곡의 아름답고 청정한 자연환경이 있고, 창의적인 생각을 하는 지도자와 한드미 영농조합법인이 마을을 굳건하게 받쳐주고 있다. 특히 지역사회와 공동으로 농촌유학센터를 만들어 폐교 위기를 기회로 바꿔 농촌 마을만의 소득 자원으로 만들어낸 점은 내발적인 발상과 사업화에 성공한 훌륭한 모델이다.

농촌마을 내발적 발전의 구성요소

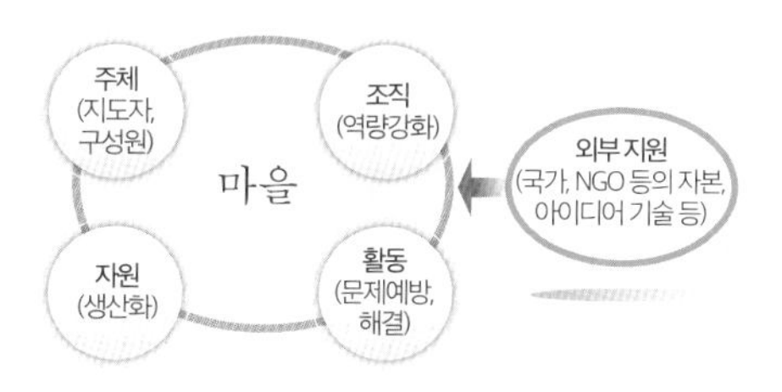

자원강화 | 마을 사업과 농산물 생산을 연계하라

마을에서 계획하고 있는 마을식당과 약선음식의 제공, 체험프로그램 등과 연계된 농산물 생산계획을 세우는 것이 원가절감과 품질확보, 소득기반 확보에 도움이 된다. 마을 특산물인 머루, 새싹, 오미자, 아로니아 작목과 함께 약선음식의 원료농산물 생산 기반도 갖추는 것이 효율적이다.

활동강화 | 마을의 수익 확보 방안을 구체화하라

마을 기업의 사업 분야는 농촌 체험과 농촌유학센터, 지역아동센터, 마을 식당의 운영이다. 현재의 주요 소득원은 농촌 체험과 농촌유학센터이다. 앞으로 마을 식당의 개원과 한드미 대안학교의 설립 등 새로운 사업이 준비되고 있다. 마을 방문객과 학생 유치를 위한 구체적인 방안의 마련이 요구된다.

조직강화 | 재투자와 수익 분배의 균형을 맞추라

마을 기업에서 생성되는 재정을 재투자와 수익 분배 측면에서 균형을 유지하는 노력이 주민들의 지속적인 사업참여를 유도하는 데 도움이 된다. 미래의 기대 수익을 담보로 한 재투자를 더 늘릴 것인지, 현재의 필요에 부응해 수익 분배를 더 확대할 것인지에 대한 주민들의 공감대를 확보하는 노력이 필요하다.

* 김태곤. 2007. 농촌의 내발적 지역활성화에 관한 한·일간 비교연구. 23. 한국농촌경제연구원.

경남 남해
창선면 '쇄바리 체험' 마을

바다 자원과 환경을 상품화하다

5월, 봄이 무르익을 무렵이면 가족단위 농촌체험 여행 장소로 자주 선정되는 곳이 경남 남해 해바리마을이다. 다도해해상국립공원이 그림처럼 펼쳐진 남해안에 있어 해변이 아름다운 마을로도 알려졌지만, 독특한 체험거리로 더 유명하다. 마을 이름의 유래이기도 한 '쇄바리 체험' 이 그것이다.

'홰바리'는 배를 타고 바다로 나가는 대신 썰물이 되면 마을 주변 갯벌에 나가 고기를 잡던 전통 어로 방식이다. 썰물로 바닷물이 빠져 무릎 깊이가 되면 횃불을 들고 나가 불빛을 보고 모여드는 낙지·게·고둥 등 해산물을 잡아 생계를 유지하던 주민들의 삶을 체험거리로 만들었다. 서너 명이 한 조가 되어 횃불잡이를 중심으로 고기를 잡던 방식을 가족 단위로 고스란히 옮겨 놓았다. 맨손으로 고기를 잡는 즐거움 속에서 협동심과 가족애를 느낄 수 있어서 인기다.

홰바리 체험을 위해 해바리마을(http://hae-bari.go2vil.org)을 다녀간 관광객이 작년에만 4000명 정도였으며, 마을은 이들을 통해 1억 3000만 원의 매출을 올렸다. 주민들 역시 참가자들에게 민박을 제공해 농외소득을 올리고 있다. 작은 해변 마을에 불과했던 해바리마을이 남해의 뛰어난 관광지와 어깨를 겨누며 성장하는 데는 주민들의 끊임없는 노력과 변신이 있다.

마을 자원에서 차별화된 체험거리 발견

해바리마을의 이름은 '홰바리'의 '홰', 바다의 '바', 마을을 뜻하는 '리' 자에서 따 온 창의적 합성어이다. 마을 이름을 정하면서부터 주민들은 '마을이 무엇을 갖고 있는가?'에 관심을 기울였다. 아름다운 자연환경과 주민의 삶 속에서 가장 흔하면서도

1. 해바리마을은 '죽방멸치'가 잡히는 남해 바다와 마늘과 유자가 생산되는 논밭이 어우러져 아름다움을 뽐낸다. 2. 마을 체험관(유자방). 3. 해바리마을로 들어가는 입구를 알리는 표지판.

독특한 자원을 찾았다. 그 과정에서 전통 어로 방식인 '홰바리'를 발견한 것이다. 남해군에 있는 수많은 해변 마을이 홰바리로 고기를 잡아왔지만 해바리마을이 먼저 도농 교류에 눈을 돌렸고, 전통 방식의 어로 형태를 농촌체험 프로그램으로 재탄생시켜 마을 도약의 계기를 마련했다.

특히 홰바리 체험은 바닷가라는 한정된 공간과 밤이라는 제한된 시간에 이뤄지는 불리함이 있지만, 오히려 약점을 강점으로 변화시켜 마을의 대표 체험상품으로 만들었다. 주민들은 홰바리로 고기를 가장 많이 잡을 수 있는 4~6월, 10~11월에 홰바리 축제를 개최해 더 많은 사람이 고기를 잡는 재미를 느끼게 배려했다. 또 가족 단위 관광객을 모아 횃불잡이와 고기잡이 등 역할을 분담해 아이들이 공동 작업의 재미를 느끼게 하고 가족애와 협동 정신을 배우도록 프로그램을 설계해 아이들을 둔 젊은 가족의 수요를 잡았다.

홰바리 체험이 알려지면서 민박 수요도 덩달아 늘었다. 지금은 20여 가구가 농가 민박을 제공해 안정적인 소득 기반을 마련했다. 남해군도 주민 1가구당 1000만 원의 개보수 비용을 지원해 현대식 민박 시설을 갖출 수 있도록 도왔다. 현재는 홰바리 체험과 농가 민박, 그리고 아침 식사를 하나로 묶은 1박 2일 패키지 상품으로 제공하고 있다.

공동 계산으로 '월급'과 '보너스' 지급

홰바리 체험이 알려지면서 주말이면 한산했던 마을이 도시민들로 북적거린다. 이런 모습은 도농 교류사업에 반신반의했던 주민들의 참여를 이끌어내면서 지금은 마을 전체 101가구 가운데 98호가 사업에 참여하고 있다. 도농 교류의 활성화와 더불어 수익의 공평한 분배와 투명한 회계 처리, 관광객에 대한 서비스 향상의 필요성도 날로 커지고 있다.

해바리마을은 체험비와 민박 비용 등을 마을에서 받고 매달 참여 주민들에게 이용료와 수고비를 정산해 월급처럼 통장으로 보내는 방식을 택하고 있다.
또한 체험이나 민박 비용의 약 10%씩은 따로 적립해 마을기금으로 조성하고 이곳에서 발생하는 수익은 연말 보너스로 주민들에게 다시 배당하고, 일부는 마을 공동 비용으로도 사용한다.
해바리 권역사업 4년 차를 맞은 해바리마을은 마을 커뮤니티센터를 건립하고 있다. 올해 완공을 목표로 추진하는 센터에는 공동 체험장과 숙박 시설, 마을회관 기능을 두루 갖춰 도농 교류 사업의 중심센터가 되도록 할 계획이다.

2015년
5월호

INTERVIEW

양명용 해바리마을 대표

'하나 팔고 하나 버리기' 운동 펼쳐

"아무리 좋은 사업계획이 있어도 주민들이 동참하지 않으면 결실을 거두기 어렵습니다."
양명용 해바리마을 대표는 "주민들에게는 소득과 재미를, 방문객에게는 추억과 매력을 주려고 의식 개혁 운동을 펼치고 있다"고 밝혔다.
해바리마을은 2003년 도농 교류 사업 시작 이후 방문객이 1만 명을 넘어선 2012년부터 마을의 지속적인 성장을 위해 '하나 팔고 하나 버리기' 운동을 펼치고 있다. '하나 팔고'는 방문객들에게 감동과 추억을 심어줘 농수산물 직거래로 이어지도록 하는 것이고, '하나 버리기'는 주민 개개인의 욕심을 버려 마을의 화합을 다지는 것으로 주민들의 친절 정신의 동기가 됐다.
"마을사업의 성공 조건인 주민과 자원, 리더와 행정 지원 가운데 주민 역량이 가장 핵심"이라는 양 대표는 "서비스 교육과 같은 지속적인 전문 교육을 통해 서비스 마인드를 높이는 것이 운동의 단기 과제"라고 말했다. 양 대표는 "마을 사업에 모든 주민이 참여하고 2세들이 마을로 돌아오는 지속 가능한 마을을 만드는 것이 목표"라며 "안정적인 소득 기반을 갖춰 70세 이상 주민들에게 노령연금을 지급하고 싶다"고 희망을 밝혔다.

우리 마을 자원

{ 깔끔하고 친절한 농가 민박 }

농가 한쪽에 방 두 개와 화장실, 조리 시설을 갖춘 깔끔한 민박 시설이 있다. 마을 도농 교류 초기에는 남는 방을 민박으로 이용했으나 남해군의 지원을 받아 현대식 독립 시설로 개축해 여느 펜션과 비교해도 손색이 없다. 특히 민박 이용요금이 연중 1인 1만 5000원으로 일정하다.

민박에서는 아침 식사도 제공한다. 홰바리 체험 마을 방문객이 낮에는 각자 유자 비누 만들기와 편백 숲길 산책 등을 즐기다가 어둠이 내리면 해변에 모여 홰바리 체험에 참여한다. 1~2시간 횃불을 밝히면서 불빛을 보고 다가오는 낙지와 게를 맨손으로 잡을 수 있다. 깨끗한 남해안 바닷가에서 한밤중에 경험하는 신기하고 재미있는 홰바리체험은 좋은 추억거리가 되어 재방문율이 40%에 이른다.

1, 2. 민박집에서 내놓는 정갈한 아침식사에는 제철나물과 생선이 가득 차려져 입맛을 당긴다. 3. 마을 뒷산 편백나무 숲길을 걸으며 내려다보는 마을 전경과 바다로 지는 낙조는 해바리마을의 제1경이다. 4. 홰바리 체험을 할 때 신는 장화의 모습이 가족 간의 수많은 대화를 담고 있는 듯 아기자기하다. 5. 어둠이 내리면 횃불을 들고 바다로 나가 맨손으로 고기를 잡는 체험이 신기하고 즐겁다.

{ 전문가 진단 }

농어촌 체험 프로그램 발상법

01 내가 알고 있는 것 나누기

마을 체험 프로그램은 차별성을 갖기 어렵다. 많은 노력을 들여 독특한 프로그램을 개발했다고 해도 얼마 지나지 않아 다른 마을에서 비슷한 것으로 복제된다. 비록 체험의 방법이나 내용은 복제된다 하더라도 전통과 문화를 바탕에 깔고 있으면 '원조'는 그대로 유지되고 고유성을 확보하게 된다. 홰바리 체험도 마찬가지다. 그래서 독특하고 차별화된 체험 프로그램을 개발하려면 경험했거나 갖고 있는 자원(이야기)을 나누는 것이 중요하다. 사소한 것일지라도 자신의 삶과 경험을 나누는 과정을 통해 독특한 아이디어가 나온다. 주민 모두의 이야기를 모은다면 그 속에서 다양한 아이디어를 발견할 수 있다.

02 고정관념 넘어서기

우리 문화에는 나의 것을 사소하다거나 하찮게 여기는 풍조가 있다. 특히 농어촌의 삶과 문화는 전통문화를 만들어낸 모태임에도 근대화 물결에서 소외됐다는 이유로 스스로 가치를 깎아내린다. 농촌의 가치 창출은 이러한 고정관념을 넘어서는 노력에서부터 출발한다. 고정관념에서 벗어나려면 처해 있는 환경이나 가지고 있는 자원을 거꾸로 생각해보거나 상식에서 벗어나 보는 등의 다양한 생각을 발전시켜야 한다. 고정관념의 탈피는 상대방의 의견을 존중하고 인정하는 것에서부터 출발한다.

03 방문객 입장에서 생각하기

아무리 훌륭한 생각을 이끌어냈다 하더라도 균형감을 잃으면 실용화하기 어렵다. 마을 주민들 입장에서만 좋은 생각은 방문객에게 실망을 줄 수 있고, 방문객만을 위주로 한 생각은 주민들의 동참을 이끌어내기 어렵다.

광고 기법에 FAB기법*이란 것이 있다. 피처(Feature)는 생각을 구체화했을 때 나타나는 특징들이다. 어드밴티지(Advantage)는 생각을 실현했을 때 얻을 수 있는 장점을 의미한다. 베니핏(Benefit)은 생각의 지속적인 실현을 통해 최종적으로 얻게 되는 이점을 뜻한다. 이런 분석의 틀을 가지고 구체화한 아이디어의 특징을 3~4개로 요약하고, 이 가운데 내세울 만한 장점을 1~2개 선정해 본다. 마지막으로 방문객들이 체험상품을 이용했을 때 얻을 수 있는 가장 주된 이점 한 개를 뽑아내는 방법이다. 이 방법은 마을과 체험상품을 홍보할 때도 효율적으로 활용될 수 있다.

* 최병광(2015), 설득적 카피라이팅과 글쓰기.

1

강원 양양
서면 해담마을

자연 속에서 모험·체험 즐긴다

백두대간을 가로질러 동해로 가는 여러 고갯길 가운데서도 원시적 아름다움이 남아 있는 구룡령을 넘으면 처음 만나는 마을이 해담마을이다. 구름이 산 중턱에 걸려 신비감까지 자아내는 해담마을(www.farmstay.co.kr)은 고산준령에 둘러싸여 햇볕이 한곳으로 모여 이름 그대로 '해를 담고 있는 마을'이다.

해담마을은 강원 양양 낙산해수욕장과 10km 남짓 떨어져 있어 산과 바다를 모두 즐기려는 관광객들로 언제나 붐빈다. 마을 사람들은 1995년 마을에 휴양 시설이 문을 열면서 밀려드는 관광객으로 홍역을 치른 경험을 바탕삼아 공동 사업으로 방갈로를 만들고 체계적으로 관광객을 받아들이고 있다. 특히 2005년 장수마을로 선정되면서 농촌관광에 눈을 돌리기 시작했고, 2007년 강원도의 새농촌건설운동 우수마을, 농협 팜스테이마을, 산촌생태마을, 전통테마마을, 정보화마을 등에 연이어 선정되고 백두대간 사업을 유치하면서 농촌관광 마을의 면모를 갖췄다.

미천골 계곡을 따라 조성된 4만 9600㎡(1500평)의 넓은 부지에 방갈로 31동, 펜션 13동, 야영장, 서바이벌장 등 다양한 시설을 갖추고 있어 매년 체험객 5만 명이 다녀가 매출 8억 원을 올리는 농촌관광 마을로 거듭나고 있다. 최근에는 인근 황룡마을, 치래마을과 함께 국비 42억 원이 투입된 구룡령권역 종합개발 사업이 진행되고 있어 더 많은 관광객이 찾을 것으로 기대되는 농촌마을이다.

계곡 특성을 살린 레저체험 인기

봄꽃이 피는 4월부터 단풍이 떨어지는 11월까지 방문객이 끊이지 않는다. 개인 관광객보다는 가족이나 동호회 등 단체 관광객이 많다 보니 그들을 상대로 한 체험 프로그램이 인기다. 특히 계곡을 끼고 있는 마을답게 여름철이면 물놀이와 휴식을 즐기려는 사람들로 언제나 북적인다.

가장 인기 있는 체험은 계곡과 숲 속을 시원하게 내달리는 수륙양용 자동차 체험과 맑은 계곡물 위에서 노를 젓는 카약 체험이다.

1. 미천골 계곡의 수려한 갈대숲 사이를 달리는 수륙양용차. 모험과 경관의 묘미가 있다. 2. 미천골 계곡에서 바라본 해담마을 체험시설.

1. 해담마을 도농교류센터. 2. 학생들이 계곡에서 카약과 낙엽송 뗏목타기를 하고 있다.

6km의 계곡과 물 위를 달리는 수륙양용 자동차는 짜릿한 모험심을 즐기는 젊은이들에게 특히 인기다. 한국전쟁 당시 격전을 치러 국군이 승리했던 정족산 전투에서 아이디어를 얻은 '이야기가 있는 서바이벌'과 페인트 볼 사격 게임은 단체 방문객이 주로 찾는다. 이외에도 아이들이 있는 가족 단위 방문객을 위해 개발한 낙엽송 뗏목 타기, 계곡 물고기 잡기, 활쏘기 등 20여 가지의 다양한 체험이 관광객을 즐겁게 한다.

6~10월에는 옥수수 따기와 고구마 캐기 등 농산물 수확 체험, 야영장 주변 버섯 재배 단지에서 생산된 표고버섯으로 너비아니를 만드는 식체험도 철에 맞춰 진행된다. 버섯 너비아니 상품은 기념품으로도 잘 팔릴 뿐 아니라 인터넷을 통한 재구매도 이어지고 있어서 마을 특산품으로 자리 잡았다.

역할 분담 통해 전문성 높여

해담마을이 다양한 체험 프로그램을 제공할 수 있는 것은 역할 분담을 통해 자기 분야의 전문성을 높인 주민들 덕분이다. 농촌관광을 운영하는 '해담마을 영농조합법인'은 마을 주민 54가구 모두가 5만 원씩을 출자해 만든 공동 법인이다. 대표를 비롯해 5명의 유급 직원이 있지만, 방문객의 체험 활동에는 마을 주민 모두가 자기 역할을 정해 참여하고 있다. 숙련된 전문 지식과 경험이 필요한 수륙양용 자동차의 운전이나 서바이벌, 페인트 볼 사격 게임의 운영은 청년회가 전담한다. 특히 수륙양용 자동차는 마을 청년 6명과 유급 직원 1명이 개장 한 달 전부터 운전 연습과 코스 난이도 조정 등 사전 준비를 거쳐 숙련도를 높인 뒤 체험을 시작한다.

야영장 관리와 낙엽송 뗏목 타기 등은 노인회, 농작물 수확이나 너비아니 만들기 등 식체험은 부녀회가 맡아 진행한다. 오랫동안 담당 분야를 정해서 일을 해 왔기에 능숙하게 체험을 진행한다.

2015년 7월호

INTERVIEW

이상욱 해담마을 운영위원장

마을 주민이 매월 15일 이상 일하게 하는 게 목표

"해담법인이 마을 주민 모두에게 안정적인 소득원이 되도록 마을 사업을 성장시키겠습니다."

이상욱 해담마을 운영위원장은 "연간 한 가구에 배당금 1000~1500만 원을 주는 것이 마을 법인의 경영 목표"라고 강조했다.

해담마을은 지난 연말 마을 주민 54명에게 가구당 200만 원의 배당을 시행했다. 체험으로 벌어들인 수익 가운데 인건비를 제외한 수익을 나눈 것이다.

이 위원장은 "유명 관광지와 바다가 인접해 있어 여름철에는 하루 1000~1500명의 관광객이 다녀 갈 만큼 호황이지만, 비수기인 이른 봄과 겨울철이 문제"라며 "동서고속도로가 완공되면 서울에서 자동차로 1시간 30분 거리이므로 비수기 방문객도 많이 늘 것"이라며 기대감을 보였다.

"인진쑥 좌욕과 족욕 등 웰빙족의 취향에 맞는 겨울철 건강 체험 상품을 만들어 주민이 한 달에 15일 이상 일할 수 있게 만드는 게 목표입니다."

우리 마을 자원

{ 수륙양용 자동차 계곡 모험 }

육지와 물 위를 자유롭게 넘나드는 '아르고'라는 특수 차량을 타고 계곡을 지나 물을 건너고 삼림을 통과한다. 계곡 2~6km를 달리는 3개 코스가 있는데, 1코스는 화강암이 즐비한 계곡을 달리다가 배를 타는 듯한 출렁임을 경험하며 물 위를 지난다. 2코스는 담쟁이넝쿨이 자라는 낙엽송 사이를 달리며 삼림욕을 즐길 수 있다. 3코스는 한반도 모양의 용소를 건너는 재미가 쏠쏠하다.

1. 미천골 계곡에 만들어진 카약체험장. 2.해담마을 법인 운영자들이 마을의 대표적인 인기 체험 상품인 수륙양용 자동차에서 포즈를 취했다.

{ 표고버섯 너비아니 }

마을 주민이 직접 생산한 표고버섯 가루와 한우 쇠고기를 버무려 너비아니를 만드는 체험이다. 부녀회가 운영하는 마을기업이 로열티 5%를 주고 서울의 한 식품회사가 개발한 레시피대로 상품화했다. 표고버섯 너비아니가 잘 팔리면서 산에서 채취하는 능이와 송이버섯을 이용한 너비아니와 햄버거도 만들고 있다. 아이들과 같이 방문한 가족 단위 야영객에게 인기가 높다.

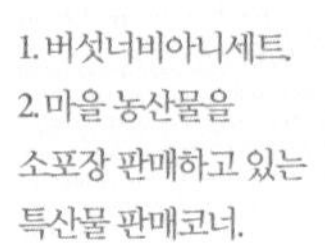

1. 버섯너비아니세트.
2. 마을 농산물을 소포장 판매하고 있는 특산물 판매코너.

{ 전문가 진단 }

농촌관광마을의 안전관리 기법

농촌관광마을 방문객이 늘어나면서 안전사고를 예방하고, 발생한 안전사고에 신속하게 대응할 수 있는 매뉴얼 마련이 필수적이다. 하지만 대부분의 농촌체험 마을 관리자들이 농사일을 하며 틈틈이 체험을 운영하는 경우가 많아 안전관리에 소홀할 우려가 크다. 안전사고는 사소한 부주의로 발생하고 유형이 다양한 데다 불시에 일어나므로 지속적인 교육과 체계적인 구조를 갖추지 않으면 대처하기 어렵다. 마을이 효율적인 안전관리 체계를 갖추도록 행정적 지원이 요구된다. *

01 마을 안전관리 책임자를 세우자

안전관리를 총괄할 수 있는 관리자를 지정해 상시로 안전관리사항을 관찰 예방하고, 대처할 수 있도록 해야 한다. 안전관리 책임자는 마을에서 제공하고 있는 체험 프로그램과 시설물, 장비, 환경에 대한 점검을 통해 안전관리 기준을 정하고 매일 점검을 통해 안전사고를 예방해야 한다.

특히 마을 특성에 맞는 안전관리 매뉴얼을 만들고 농촌체험에 참여하는 주민의 안전교육도 주기적으로 실시해 안전 의식을 높이는 노력이 필요하다.

02 마을 안전관리 매뉴얼을 만들자

마을의 안전사고 대응 행동 요령을 구체적으로 만들어 활용해야 한다. 농촌체험 마을에서 일어날 수 있는 안전사고 유형을 ▲체험 활동 ▲화재·전기·가스 ▲음식 위생 ▲자연재해 등으로 구분해 신속하고 안전한 대처 요령을 만들고 분야별 담당자들이 숙지할 수 있도록 해야 한다. 물놀이나 레저체험 등으로 특화된 해담마을과 같은 농촌체험 마을에서는 활용하는 시설물이나 장비의 사용과 참여자의 사전과 사후 안전 사용 지침을 구체적으로 작성해 시행해야 한다.

03 안전표지판을 설치하자

체험마을에서 발생하는 안전사고의 유형과 조건을 분석하고 필요한 곳에 안전표지판을 설치해 안전사고를 예방해야 한다. 안전표지판은 보기 쉽고 이해하기 쉽도록 그림과 함께 만드는 것이 효과적이다. 아울러 농촌체험 마을마다 '안전사고 예방 점검표'를 만들어 안전 관리 담당자가 수시로 관찰하고 기록해 사고 발생을 줄이는 노력이 있어야 한다. 장기적으로는 마을의 안전사고 유형과 조건을 분석해 마을에서 제공하고 있는 시설이나 장비, 체험 프로그램, 관광 코스 등을 안전하게 재구성하는 환류 체계의 구축이 반드시 요구된다.

---

* 농촌체험휴양마을 안전관리 매뉴얼, 한국농어촌공사.

충북 괴산 칠성면
둔율올갱이마을

다슬기와 반딧불이 보러 오세요

둔율올갱이마을은 밤나무 군락이 군사가 대열을 이룬 형상과 흡사하다 하여
둔율(屯栗)이라 불렸으나 지금은 올갱이로 더 유명한 마을이 됐다.
속리산에서 발원한 달천에는 올갱이가 많아 채취를 허가받은 어민이 있을 정도였다.
'물맛이 달다'는 의미가 있는 달천의 청정한 자연과 깨끗한 물에서 자라는 올갱이는
씨알이 굵고 맛이 좋아 향토음식의 재료로 널리 사랑받는 마을의 특산물이다.

올갱이는 '다슬기'의 충청도 방언이다. 된장을 진하게 풀고 부추 등 계절 채소를 듬뿍 넣어 끓여 내는 올갱이 해장국은 시원한 맛은 물론 간 기능 회복에도 도움을 주는 것으로 알려져 인기 있는 향토 음식이다. 농협의 1사1촌 자매결연으로 도농교류에 눈을 뜬 충북 괴산 칠성면 둔율마을(http://seven.invil.org)은 2007년 마을 특산물인 올갱이에서 영감을 얻어 '둔율올갱이마을'로 이름을 바꾸며 도농교류 사업을 시작했다. 2008년에는 올갱이를 소재로 전통 테마 마을에 선정되어 달천의 아름다운 경관과 올갱이를 주제로 한 제1회 '둔율올갱이축제'를 개최하며 입소문을 탔다.

2010년에는 올갱이 토종 마을 육성 사업 대상 마을로 선정되어 올갱이 체험장과 사육장을 마을에 설치해 올갱이를 이용한 연중 체험 기반을 갖췄다. 올갱이를 먹이로 삼는 반딧불이 사육에도 성공해 잡고, 먹고, 보고, 즐기는 오감 체험 축제 마을로 성장했다.

축제는 마을 브랜드 구축의 첫걸음

전국에서 열리는 농촌 축제는 500여 개에 이를 정도로 많다. 그러다 보니 마을 축제의 이름을 기억하고 찾는 방문객은 매우 드물다. 축제의 내용도 행사나 전시, 판매 형태의 재미없는 축제가 대다수로 한 번 찾았던 방문객이 다시 오기 어렵다.

그러나 올해 8회를 맞는 둔율올갱이축제는 2008년 1000명을 시작으로 2013년 6000명이 다녀갈 정도로 잘 알려졌다. 관광 사업이 크게 위축된 2014년과 2015년에도 방문객이 1000~2000명을 넘었다.

1.마을 앞을 흐르는 달천은 물이 깨끗하고 수심이 낮아 올갱이를 잡으려는 방문객이 많다. 2.반딧불이와 나비를 키우는 '반디와 나비곤충 체험 학습장'.

둔율올갱이축제 기간에 열리는 '황금올갱이를 찾아라' 체험프로그램에 참여한 방문객들.

둔율올갱이축제가 지속해서 성장하는 배경에는 마을주민들의 참여와 달천의 아름다운 자연환경, 물놀이와 체험의 재미를 살린 프로그램이 있다. 7월 마지막 주에 3일간 달천 변에서 열리는 축제에는 마을 주민의 80%가 참여해 체험장과 프로그램 진행, 먹을거리 부스 운영, 주차 관리, 축제장 청소 등 역할을 맡아 축제에 생기를 불어넣고 있다.

달천에서 올갱이를 줍는 체험인 '황금 올갱이를 찾아라!'를 비롯해 수상카누 타기, 나비와 반딧불이 날리기 등 물놀이와 동시에 즐길 수 있는 가족 단위 프로그램이 풍부해 축제의 재미가 쏠쏠하다. 특히 달천에서 직접 잡은 올갱이를 삶거나 부침개로 만들어 먹는 음식 체험과 향토 음식인 올갱이 해장국은 고향의 맛이 살아 있어 인기를 끈다.

축제가 외부에 알려지면서 '둔율마을'이라는 이름은 브랜드로 자리를 잡아 방문객 증가는 물론 농특산물 판매도 늘어나는 효과를 보고 있다. 정보화마을인 둔율마을의 연간 농산물 판매액이 1억 원을 넘는 것도 축제를 통한 홍보 효과의 결실이다.

마을 축제 기반 6차 산업 발굴 열의

둔율마을의 아쉬운 점은 축제와 소득의 연계다. 축제에 참여하는 방문객 대부분이 하루 방문객으로 숙박과 연결되지 못하고 있다. 마을 펜션이나 민박 등 숙박 시설이 부족하기 때문이다. 또한 축제에 참여한 방문객이 현장에서 사 갈 수 있는 소포장 농특산물이나 기념품이 없는 것도 해결해야 할 과제이다. 마을 인근에 조성된 산막이옛길과 충청도양반길을 마을로 잇는 달천 강변길과 자전거길이 개통될 예정이어서 방문객 증가에 대비한 새로운 소득원의 개발은 마을의 숙원 사업이 됐다. 둔율올갱이축제를 주관하는 마을영농조합법인은 마을 식당을 운영하기 위해 올갱이 떡갈비, 올갱이 크림 스파게티 등 연령층별로 선호할 수 있는 음식을 개발하고, 올갱이 청국장 특허를 출원하는 등 6차 산업화를 적극적으로 추진하고 있다.

2015년
9월호

INTERVIEW

김영수 마을영농조합법인 대표

"축제 개최 한 달 전부터 매일 회의 통해 의견 수렴해유!"

"축제 한 달 전부터 매일 회의를 합니다. 주민의 의견을 경청하고 생각을 모으는 일은 축제의 성공만큼이나 중요합니다."

올해 8회째를 맞고 있는 둔율올갱이축제 조직위원장을 맡고 있는 김영수 대표는 "마을 축제는 주민과 도시민이 서로 만나 교감을 나누는 마을 개방의 장"이라고 말했다.

둔율올갱이축제는 마을 주민들이 모여 화합을 다지는 천렵(川獵)으로 시작해 관심이 있는 도시민이 하나둘씩 참여하며 지역을 대표하는 마을 축제로 자리를 잡았다. '산막이옛길과 함께하는 제8회 둔율올갱이축제'로 2박 3일 동안 진행했다. 특히 올해 축제는 첫날을 마을 주민의 날로 정해 위로의 시간을 가졌고, 2일과 3일째는 1100여 명의 도시민이 방문해 함께 즐거운 시간을 보냈다.

김 대표는 "마을 축제는 차별성 있는 테마를 발굴하고 준비하는 것도 중요하지만 꾸준한 개최가 최대의 과제"라며 "축제의 직 · 간접 수익이 마을 주민 모두에게 돌아갈 수 있도록 배려하고 새로운 소득을 창출하려고 애쓰지 않으면 안 된다"고 강조했다.

우리 마을 자원

{ 반디와 나비 체험장 }

올갱이들이 서식하는 마을 앞 달천 주변에 있는 반딧불이와 나비 사육장이다. 마을로 귀농한 곤충 사육 전문가가 올갱이를 먹이로 반딧불이와 나비를 사육하며 체험을 진행한다. 사육장 주변에 곤충이 활동할 수 있는 연못을 조성해 반딧불이와 나비를 풀어놓고 있다. 어둠이 내리면 반딧불이를 일시에 방사하는 이벤트가 아이들에게 인기다.

{ 산막이옛길과 충청도양반길 }

순수 국내 기술로 처음 지어진 괴산댐을 따라 소나무 숲길을 지나는 4㎞의 옛길로 아름다운 자연 풍광이 오솔길을 따라 펼쳐져 있다. 끝나는 부분에는 충북의 절경으로 꼽히는 화양구곡으로 통하는 충청도양반길로 이어져 걷기를 즐기는 트래킹족의 방문이 연중 이어진다. 둔율올갱이마을과는 승용차로 5분 정도 떨어져 있으며, 마을 옆을 흐르는 달천을 따라 자전거길이 연결될 예정이다.

{ 2015 괴산세계유기농산업엑스포(www.2015organic-expo.kr) }

자연과 더불어 건강하게 사는 생태적 삶이 무엇인지 보여주는 '2015 괴산세계유기농산업엑스포'가 9월 18일~10월 11일까지 괴산군민체육센터에서 열린다. '생태적 삶-유기농이 시민을 만나다'라는 주제로 열리는 이번 행사에는 10대 주제 전시관과 7대 야외 전시장이 마련돼 유기농업을 비롯해 건강한 토양과 물, 생물 다양성 등 지구를 살리는 유기농업의 현재와 미래를 보여줄 예정이다.

전문가 진단

마을 축제 기획하기

농촌 마을 축제는 주민과 방문객이 함께하는 놀이 한마당이다. 마을 주민이 방문객에게 일방적인 서비스를 제공하는 것이 아니라 방문객이 주민의 생활과 문화, 자연 속으로 스며들어오는 것이다. 방문객도 도시에서 열리는 놀이 위주의 축제보다는 자연 속에서의 쉼과 교육적 효과, 체험의 즐거움을 기대하고 마을 축제를 찾는다.

01 마을 주민이 공유하는 소재를 찾자

세계적인 겨울 축제로 성장한 강원 화천의 산천어축제도 마을 주민의 얼음축구대회에서 시작됐다. 주민이 농사의 노고를 위로하고 화합을 다지기 위해 시작한 동네 놀이 문화가 세계적인 겨울 축제로 발전한 사례이다. 농촌 마을 축제는 무엇보다 주민이 주축이 되고 역할을 맡아 화합과 성공의 기억을 공유하는 것이 중요하다. 축제를 통해 마을과 사회가 만나고 관계가 형성돼 서로 필요한 것들을 나누며 6차 산업으로 발전해나 갈 수 있다. 작은 축제의 성공은 새로운 아이디어 창출의 계기가 된다.

02 보편적인 것에서 특이점을 찾자

충남 보령 머드축제, 강원도 화천의 토마토축제, 경기 이천 쌀문화축제, 경기 파주 장단콩축제는 지역의 가장 보편적인 것에서 특이점을 발굴해 대형 축제로 성장한 사례다. 물론 농촌마을 축제가 대형화하는 것은 바람직하지 않다. 오히려 지역 주민이 주축이 되어 소규모로 열리는 것이 효과적일 수 있다. 다만, 마을에 없는 새로운 자원을 찾기보다는 마을에 가장 많고 흔하면서도 지역의 특이성을 지닌 자원을 발견해서 축제로 발전시켜 나가는 것이 좋다. 둔율올갱이축제는 이런 면에서 장점이 있다. 같이 공생하는 반딧불이를 연계해 축제의 특이성을 높이려는 시도가 기대를 모은다.

03 주변 기관의 적극적인 도움을 받자

마을에서 모든 것을 할 수 있다는 독불장군식의 축제는 성공하기 어렵다. 주민들이 가장 잘하는 것을 살리되 전문성을 요구하는 분야는 주변의 도움을 적극적으로 요청해야 한다. 특히 요즘처럼 안전이 중요시되는 때일수록 지역의 보건소와 병원, 소방서, 경찰서의 적극적인 도움과 참여를 요청해야 한다. 축제의 기획 단계부터 지자체 등 외부 기관들의 참여를 통해 축제의 보조라는 의미가 아닌 공동 주관자라는 인식을 가지고 축제에 참여하도록 해야 한다.

경기 포천
관인면 교동장독대마을

농촌 여행의 즐거움을 선사하다

교동장독대마을은 토요일이 가장 바쁘다. 식교육장에서는 동네 부녀회원이 모여 비밀스럽게 쿠키 레시피 개발에 열심이다. 바로 옆 마을회관에는 서울에서 온 방문객이 '오감만족 삼시세끼' 체험의 첫 미션을 시작했다. 유럽풍의 클라인가르텐에는 주말을 맞아 농촌에서 여가를 보내려는 가족들이 한둘 입주하며 마을 전체가 술렁인다.

정갈한 복장에 흰 모자를 차려입은 마을 셰프들이 정성스레 과자를 빚는다. 꽃과 동물 모양 쿠키에 장식을 붙이고 오븐에 구워내며 연신 의견을 주고받는다. 갓 구워내 열기가 남아 있는 바삭한 쿠키를 서로 먹어보고 맛에 대한 품평회를 마치면 분주한 시간이 마무리된다.

교동장독대마을의 부녀회원으로 구성된 식품분과 주민들이 마을에서 상품화할 쿠키를 개발하고 있는 단계다. 아이디어를 내고 음식에 넣을 식재료를 마련하는 일까지 모두 부녀회원이 알아서 한다. 다만, 맛을 내는 재료의 구성 비율이나 조리법처럼 전문적인 지식과 경험이 필요한 분야는 전문가의 도움을 받는다. 이번에는 서울의 한국제과학교 기능장을 초빙해 함께 한 달에 걸쳐 쿠키 레시피를 개발하고 있다. 레시피가 완성되면 숙련 과정을 거쳐 주민들만의 손으로 마을을 대표하는 또 하나의 쿠키를 상품화할 꿈에 부풀어 있다.

한탄강댐이 만들어지면서 수몰지역에 포함돼 3년에 걸쳐 마을 이전 과정을 거친 교동장독대마을은 한 폭의 그림 같은 경관을 자랑한다. 한탄강 8경 중 으뜸으로 치는 비둘기낭 폭포로 들어가는 입구에 있어 주변 경관이 수려하다. 작은 정원이 딸려 있는 전원주택에는 여러 가지 들꽃이 피어나 평온하고 아름다운 마을 분위기를 발산한다.

1.'오감만족 삼시세끼' 농촌 체험에 참여한 가족 단위 방문객이 마을에서 제공한 미션에 따라 장작을 패고 있다. 2.교동장독대마을은 한국농어촌공사로부터 '으뜸촌'으로 선정된 농촌 관광마을이다. 3.식품분과 부녀회원들이 새로운 쿠키를 만들어 평가회를 가졌다.

2

3

'오감만족 삼시세끼' 체험 상품 인기

금계화, 낮달맞이꽃, 화초양귀비…. 이름만 들어도 귀하게 여겨지는 화초가

앞 다퉈 피어 있는 마을에는 주말 내내 사람의 왕래가 줄을 잇는다. 주민들도 특별히 어색해하는 기색이 없다. 1년 사시사철 계속되는 일상인 탓이다.

교동장독대마을은 농촌 체험이 가장 큰 소득원이다. 덕분에 주민들은 도시 방문객의 여가 욕구 변화에 민감하다. 늘 정보를 습득하고 공부하며 새로운 체험 상품을 끊임없이 개발해 방문객을 마을로 끌어들인다. 대표적인 체험 상품이 지난해부터 마을에서 개발해 제공하는 '오감만족 삼시세끼' 농촌 체험이다.

1박 2일 동안 마을에서 지내며 농촌 체험과 인근 관광지 여행까지 하는 농촌 여행 종합 상품으로 가족 단위 주말 방문객이 많다. 오감만족 삼시세끼 체험 상품은 마을 전체가 무대가 된다. 방문객과 주민 모두 함께 참여하며 게임처럼 진행해 어른, 아이 할 것 없이 흥미진진하다.

인터넷(www.교동장독대마을.com)을 통해 예약한 방문객이 마을에 들어서면 게임이 시작된다. 미리 준비한 미션 종이를 받아들고 마을 구석구석을 찾아다니며 주민의 도움을 받아 농산물을 수확하고 음식을 준비한다. 장작을 패고, 불을 지피고, 솥뚜껑에 전을 부치는 등 방문객의 1박 2일은 새로운 경험의 연속이다. 주말이면 오감만족 삼시세끼 체험객이 끊이지 않을 정도로 인기가 높다.

오디·누에 테마파크 조성 사업 진행

농촌 체험은 환경 변화에 민감한 시장이다. 하지만 교동장독대마을은 새로운 먹을거리와 체험 상품을 꾸준하게 내놓으며 시장 변화에 대응하고 있다. 이런 주민의 변화 원천은 교육에 있다. 25가구 80명에 불과한 작은 마을이지만 자격증이 20여 개에 이를 정도로 전문인이 많은 것이 자랑이자 자부심이다. 배움에 대한 주민들의 열망도 높다. 마을에서는 주민들에게 교육 프로그램을 적극적으로 알선하고 필요한 경비도 지원해준다. 자격증과 수료증을 취득한 주민들은 마을에서 분과를 결성하고 사업화한다.

교동장독대마을에는 체험 분과부터 한우사육 분과까지 5개 분과가 활동하고 있다. 지난해에는 농촌진흥청의 오디·누에 테마파크 조성 사업 공모에 선정돼 누에 사육 분과가 신설됐다. 10억 원의 정부자금을 받아 2017년 6월에 테마파크를 개관할 준비를 하고, 주민들은 테마파크에서 제공할 테마 체험 상품과 식품 개발에 열정을 쏟고 있다. 마을의 지속적인 변신은 지금도 진행 중이다.

2016년 7월호

INTERVIEW

이수인 교동장독대마을 대표

농촌 체험은 모기업, 분과 사업장은 자회사

"교동장독대마을의 농촌 체험 사업은 정겨운 느낌을 주는 마을의 모기업입니다. 하지만 주민들의 분과 사업장은 자회사처럼 성장하도록 독립성을 중시합니다."

"1·2·3차 산업이 공존하는 마을이 됐으면 좋겠다"는 이수인 교동장독대마을 대표는 "마을이 시골의 맛을 잃으면 쉽게 잊힐 것 같아 농촌 체험 사업은 마을 전체가 함께 힘을 모으는 공동의 사업"이라고 강조했다.

교동장독대마을은 전체 주민이 자발적으로 농촌 체험 사업에 참여하고, '시집온 곶감' 등 창의적인 상품 개발이 두드려져 2013년에 이 대표가 마을을 대표해 농림축산식품부장관상을 수상했다.

"주민이 각자의 재능을 계발하고 수익도 올릴 수 있는 곳이 농촌"이라는 이 대표는 "주민은 교육을 통해 재능을 심화하고, 마을은 활동 공간을 만들어주면 잘될 수밖에 없다"고 말했다.

"교육이 최대의 복지"라는 이 대표는 "마을 주민이 정년 없이 즐겁게 일하면서 마을 공동체가 균형 있게 성장해 후세대가 돌아올 수 있는 마을을 만들고 싶다"고 비전을 밝혔다.

오감만족 삼시세끼 농촌 체험은 농촌에서 자연과 문화를 즐길 수 있는 1박 2일 체험 프로그램이다. 경기관광공사와 함께 만들어 2015년 9월부터 운영하고 있다. 마을에서는 체험 방식과 활동 무대를 제공하고 방문객은 농촌의 삶을 체험하고 관광도 즐기는, 오락과 여가와 체험이 합쳐진 종합 상품이다.

1. 삼시세끼 티셔츠 만들기

온전히 체험에 집중할 수 있도록 활동성이 좋은 복장으로 갈아입는 과정이다. 마을에서 준비해주는 흰 티셔츠에 컬러 펜으로 가족이나 팀이 모여 창의적인 그림을 그린다.

2. 먹을거리 수확하기

삼시세끼 체험은 농촌의 먹을거리를 체험하는 것이 가장 중요한 테마다. 한 끼 식사를 준비하며 필요한 채소나 먹을거리는 직접 마을 구석구석을 다니며 수확해 와야 한다. 마을에서 미리 준비해 놓은 미션 종이, 즉 수확해야 할 농산물과 재배 장소를 그린 지도를 받고 필요한 식재료를 수확해 오면 된다.

3. 흥이 돋는 저녁

시골 마을에서 저녁을 맞이하며 가족과 팀이 모여 즐길 수 있는 레크리에이션 시간이다. 마을 주민과 어우러져 부침개를 부쳐 먹거나 아이들과 바비큐를 즐기며 한가한 저녁 시간을 보낸다. 소망등 날리기와 전통놀이 등 함께 놀이할 수 있는 다양한 프로그램이 준비돼 있다.

비둘기낭 폭포.

4. 장독대 여행

마을을 중심으로 펼쳐진 아름다운 자연환경을 둘러보는 여행 프로그램이다. 가까운 곳은 걸어가기도 하지만 마을에서 차량을 준비해 인근 관광지를 둘러보기도 한다. 마을에서 3~4㎞ 거리에 화적연, 멍우리주상절리대, 교동 가마소, 비둘기낭 폭포 등 한탄강 8경 중 4경이 있다.

한 걸음 더 들어가기

독일 클라인가르텐의 가치

우리말로 '작은 정원' 또는 '시민정원'으로 불리는 독일의 클라인가르텐(Kleingarten)은 독일인의 자연보호 정신의 배경이다. 19세기 후반 의사인 다니엘 슈레버가 어린이들의 몸과 마음을 건강하게 키우자는 취지로 텃밭 가꾸기를 주창한 것이 계기가 돼 정원 문화로 발전했다.

클라인가르텐은 대도시 주변에 250~300㎡ 규모의 정원 50~1000개가 집단 형태로 운영된다. 독일 전역에 약 140만 개 정원이 조성돼 있으며, 한 번 분양받으면 매매나 양도는 할 수 없으나 직계 자손에게 상속은 가능하다. 한 곳의 운영비는 회비 · 임대료 · 전기료 등 연간 50만 원 내외다.

클라인가르텐에는 약 16㎡ 규모의 오두막집을 지을 수 있다. 나머지 공간은 채소와 꽃을 가꾸는 텃밭으로 활용하며 양봉을 하는 경우도 있다. 이곳에서는 비료와 농약을 사용할 수 없고, 생산한 농산물도 팔 수 없다. 1년 동안 정원을 관리하지 않으면 회원 자격이 박탈되는 엄격한 규칙이 있다.

사람과 자연의 교류 클라인가르텐의 가장 큰 운영 목적은 도시민에게 자연을 돌려주는 것이다. 도심에서 정원을 가질 수 없는 주민들에게 공동으로 자유로이 이용할 수 있는 땅을 임대해주고 정원을 가꾸도록 해 행복을 느끼며 청정한 먹을거리를 생산하는 과정을 통해 자연과 교류할 기회를 주는 것이다.

몸과 마음의 건강 유지 도시생활에 길들어 있는 사람들에게 자연이 주는 여유로움을 제공하기 위한 수단이다. 도시의 꼭 짜인 생활에서 벗어나 직접 흙을 밟으며 식물을 재배하는 과정을 통해 심신의 피로를 푼다. 클라인가르텐 공간에 오두막을 짓고 휴식과 독서를 즐기며 생동력을 회복한다.

사회 참여와 교육 기능 작은 농사를 통해서 가족의 안전한 먹을거리를 직접 생산한다. 농사 과정에 가족이 함께 참여하며 사회성을 배우는 교육 효과가 크다. 아름다운 정원을 꾸미고 자연을 가꾸며, 계절 변화를 체험하며 자연의 소중함과 위대함을 배운다.

충남 아산
송악면 외암민속마을

500년 전통문화와 농촌 체험의 한마당

외암민속마을은 살아 있는 역사박물관이다. 인위적으로 꾸민 민속촌과는 질적으로 다르다. 주민이 직접 생활하면서 삶에 기반을 두고 이어온 생명력 있는 민속 문화를 만날 수 있기 때문이다. 외암민속마을에는 500년의 역사를 간직한 고택과 한국의 멋을 품은 정원, 초가, 돌담 그리고 불편함 속에서도 문화 지기의 역할을 감당하는 주민들이 있다.

충남 아산 외암민속마을(oeam.co.kr)에는 연간 50만 명이 다녀간다. 현충사에 이어 가장 잘 알려진 관광지이기도 하다. 주민에게는 국가 문화재로 관리되는 마을에 살면서 겪어야 하는 재산권 행사의 제약과 더불어 몰려드는 관광객과 삶의 공간을 공유해야 하는 어려움이 크다. 하지만 주민이 나서서 관광객을 활용한 소득 자원을 개발하는 방법으로 농촌 관광의 일번지로 거듭나고 있다.

외암민속마을에는 주민이 직간접적으로 참여하는 30여 가지의 체험 상품이 있다. 마을의 가장 상징적인 체험인 전통 혼례와 같은 무료 체험도 있지만, 대부분 유료 체험으로 주민의 주된 소득원이 된다. 과거에는 마을의 대표 법인이 체험 프로그램을 운영하고 그 과정에서 주민이 참여하는 형태였지만, 5년 전부터 주민이 주도적으로 체험을 기획하고 운영하는 방식으로 전환했다. 마을 법인이 체험에 참여한 주민에게 인건비를 주는 형태에서 주민이 체험을 운영하고 수익금의 20%를 마을법인에 수수료로 내는 방식으로 바뀐 것. 이군직 외암민속마을 감사는 "체험 운영권을 주민에게 부여한 이후 마을 법인은 경영이 어려워졌지만 주민들은 풍요로워졌다"며 "체험을 직접 경영하며 돈도 벌고 마을이 돌아가는 현상도 알게 돼 마을과 주민의 신뢰와 협조가 더 긴밀해졌다"고 말했다.

외암민속마을의 주요 관광 소득원은 민박과 체험상품 운영이다. 이 소득원의 운영

1.외암민속마을의 저잣거리 풍경이다. 마을 입구에 재현해 놓은 전통과 민속 체험 공간으로 먹을거리와 전통놀이 체험이 즐비하다. 2.외암 마을의 고택. 3.벼 수확이 끝나는 10월부터 하루에 한 두동씩 초가집 이엉 얹기 작업이 진행된다. 이엉을 얹는 모습을 주제로 짚풀문화제도 열려 방문객이 몰린다.

2

3

권은 주민 각자에게 있지만 마케팅과 관리는 마을 법인의 몫이다. 외암민속마을의 체험과 민박은 사전 예약이 기본이다. 마을 법인이 전화로 예약을 받고 민박을 배정하거나 체험 프로그램을 짜주는 방식이다.

마을 법인이 주민 교육과 서비스 평가 담당

이 외에도 마을 법인은 단체 방문자에 대한 안내와 해설가 지정, 체험 보조 인력 알선, 축제 기획과 운영, 새로운 체험 개발과 주민 교육을 담당한다. 주민 교육을 통해 마을 안내와 해설 기법, 체험 프로그램 운영 방법 등 직무를 익혀 주민이 마을 일에 참여하도록 돕는다. 주민은 모두 마을 일에 참여하고 횟수에 따라 수당을 받는다. 참여 방식도 개인이 건강 상태와 환경에 따라 자유롭게 결정한다. 특히 서비스 품질이 방문객 만족에 영향을 미치는 민박과 안내 직군에 대해서는 나름대로 상벌 기준을 정해놓고 서비스 품질을 지속적으로 개선한다. 마을 법인이 청결 상태를 주기적으로 평가하고, 고객 소리함을 설치해 민원을 반영해 민박의 서비스를 개선한다.
이규정 마을 대표는 "방문객의 안전을 책임지는 안내 역할이나 마을 이미지를 결정

1.벼 수확을 끝낸 논에는 다양한 전통놀이 시설이 들어서서 방문객이 휴식을 즐기는 놀이공간으로 변한다. 2.외암민속마을 저잣거리 모습.

하는 해설과 민박, 체험 등에 참여하는 주민은 상시 교육받는 것이 필수"라며 "마을 법인이 주민 교육 프로그램을 별도로 세워 정기적인 교육도 하지만 체험 현장에서의 주민 간 경험과 정보 교환이 더 중요하다"고 강조했다.

마을 사무장이 체험상품 개발 담당 외암민속마을은 마을 사무장이 해마다 1개 이상의 새로운 체험 상품을 개발하도록 유도한다. 새로 개발된 체험 상품은 1년 동안 법인이 시범 운영하며 과정을 다듬는다. 이 기간 매출액의 20%는 사무장에게 인센티브로 지급된다. 시범 운영 결과가 좋으면 이듬해 주민에게 운영권을 이관해 독립적으로 운영하도록 한다. 전통 엿 만들기와 율무 팔찌 만들기 체험이 이런 과정을 거쳤다.

2016년 12월호

INTERVIEW

이규정 외암민속마을 대표

"한복 입고 활보하는 문화거리 됐으면"

아산시가 122억 원의 막대한 자금을 들여서 마을 입구에 저잣거리 시설을 잘 만들어 놓았다. 주변에 주차장 시설도 갖춰 방문객이 크게 늘었다. 연간 50만 명의 방문객이 다녀가는 것은 이러한 편의시설과 볼거리, 체험거리를 확충한 덕분이다.

하지만 저잣거리 운영권 상당 부분을 민간에 분양해 상업성이 큰 것은 아쉬운 부분이다. 원래는 먹을거리와 점방, 포목점, 대장간 등 예전에는 마을에 있었지만 지금은 사라진 옛 저잣거리를 복원해 주민이 거주하는 외암민속마을과 조화를 이루기를 바랐다. 그렇게 된다면 500년간 이어온 외암민속마을의 전통과 문화를 제대로 보여주는 시설이 될 것 같다.

저잣거리에 한복 대여점도 설치하고 싶다. 언제든 마을을 방문해 한복으로 바꿔 입고 고색창연한 마을을 둘러보고 전통놀이도 즐기며 우리 고유문화에 푹 빠져보는 경험을 선사하는 마을을 꿈꾸고 있다.

1. 전통 엿 체험장

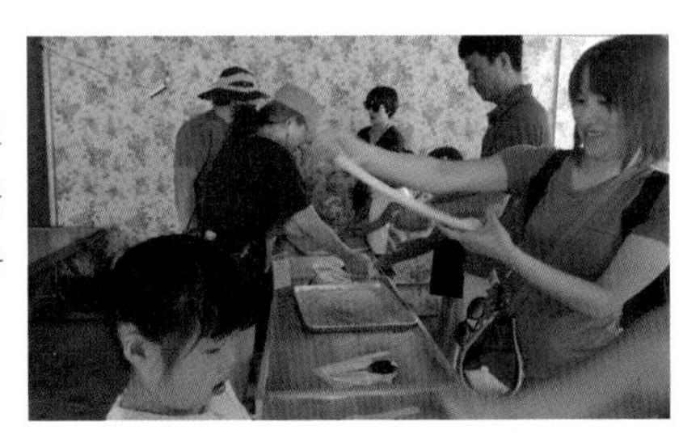

초가 마당에 펼쳐진 체험장에서 미리 만들어 놓은 조청으로 엿을 만든다. 검붉은 색의 조청에 콩고물을 묻혀 양손으로 번갈아 잡아당기면 엿반죽에 공기가 들어가며 흰색으로 변하는 모습이 신기하다.

2. 전통 다식 만들기

쌀과 콩가루, 복분자, 녹차, 단호박 등 다양한 맛과 색을 내는 재료를 꿀과 조청에 버무려 만든다. 반죽을 다식 틀에 넣고 지그시 누르면 맛과 색, 모양이 다른 맛있는 다식이 만들어진다.

3. 염색 체험장

치자를 물에 불리고 끓여 만든 천연 염료로 전통 염색의 묘미를 경험한다. 흰 손수건을 고무줄로 묶어 붉은빛을 내는 치자 염료에 담가 골고루 주무르고 넣어 말리면 샛노란 물이 든다.

4. 손두부 체험장

콩을 맷돌에 갈아 물과 함께 가마솥에서 끓여낸다. 뜨끈한 콩 물을 망에 넣고 비지와 분리한 다음 간수를 넣으면 식물성 단백질이 뭉치며 몽글몽글한 두부가 생긴다.

5. 김치 체험장

100% 사전 예약제로 운영한다. 직접 농사지은 배추를 체험 하루 전날 절여놓는다. 방문객이 체험장을 방문해 절인 배추를 물에 씻어 짠맛을 제거한 뒤 준비해둔 양념을 버무려 가져간다.

한 걸음 더 들어가기

시골로 떠나는 '락(樂) 즐거운 체험 여행'

충남 아산시의 농촌 체험 마을과 인근 관광지를 연계하는 여행 상품이다. 아산시의 농촌 체험 마을을 지원하는 중간 조직인 '락(樂)사업단'이 운영한다. NH여행 등 전문 여행사가 관광객 모집을 담당하고 마을은 방문객 안내와 체험 프로그램 운영을 맡는다.

아산시에는 10개 농촌 체험 마을이 있다. 락사업단은 마을마다 1~1박 2일 일정의 체험 여행 10개 코스를 만들어 제공한다. 1일 코스는 마을을 방문해 전통이나 농촌을 체험하고 시골 밥상으로 점심을 먹고, 인근 관광지 한두 곳을 들르고 귀가한다. 1박 2일 코스는 농촌 마을 가운데 숙박이 가능한 외암민속마을을 중심으로 2개의 농촌 체험 마을을 방문해 서로 다른 농촌 체험을 하도록 꾸며져 있다.

락사업단은 마을마다 독특한 체험 상품을 만들어 마을을 알리도록 했다. 방문객에게는 체험을 통해 만든 결과물을 집에 갖고 가도록 기획해 호기심과 참여율을 높였다. 주민 기부로 만든 농경유물관이 있는 내이랑마을은 사과따기 등 농사 체험이 특징이다. 친환경 단지가 잘 조성된 다라미자운영마을은 논과 벌꿀을 소재로 한 생태 체험, 계곡이 아름다운 강당골마을은 물고기 잡기와 도예 체험 등 자연을 이용한 체험 상품에 여행의 초점을 맞추고 있다.

락사업단은 코레일과 연계한 열차 여행 상품 개발에도 관심을 기울이고 있다. 인터넷 홈페이지를 개설해 농촌 마을 여행에 관심이 있는 도시민이 스스로 예약을 하고 여행 프로그램에 참여하도록 지원 체계를 갖추는 일도 추진 중이다. '락(樂) 즐거운 체험 여행'의 여행비는 1인 4만 5000~10만 원이다.

당일(1일) 코스

10:00	외암민속마을 도착
10:00~11:00	오리엔테이션 및 마을 견학
11:00~12:00	외암민속마을 체험(농산물 체험, 율무 팔찌 만들기 체험 중 선택)
12:00~13:00	점심 식사(시골 밥상(일식 7찬))
13:00~13:20	강당골마을로 이동
13:30~15:30	강당골마을 체험(숲 체험(기체조), 문패 만들기)
15:30~15:50	단체 기념사진 촬영 후 귀가

1박 2일 코스

1일 차

11:00	기쁨두배마을 도착
11:00~12:00	계절 농산물 수확 체험(고구마, 땅콩 캐기)
12:00~13:00	점심 식사(시골 밥상)
13:00~14:00	배청 또는 배 깍두기 만들기
14:00~15:00	마을 둘러보기 및 기념사진 촬영
15:00	현충사 관람
17:00	스파비스 온천 체험(50% 할인권 적용)

2일 차

08:00	아침 식사(자율 조식, 식기류 사용 가능)
09:00~10:00	공세리 성당 관람
10:00~12:00	피나클랜드 이동 후 관람(체험비 별도)
12:00~13:00	점심 식사(피나클랜드 레스토랑)
13:00~15:00	체험 : 석고 방향제, 메시지 향초, 구슬 향초 만들기
15:00	신정호 둘레길 산책하기 또는 귀가

경기 가평
설악면 물미연꽃마을

도꼬마리 붙이고, 보트 타고 강물 여행

홍천강과 북한강이 만나는 합수머리에 자리 잡은 물미연꽃마을에
웃음소리가 넘친다. 청평호 물결을 박차고 나가는 모터보트에
몸을 싣고 속도감을 즐기는 사람들, 가족 단위로 야생화가 아름다운 굼치 주변을 걸으며
자연을 만끽하는 사람들이 하루 종일 즐겁다.

"강물 여행 재미있어요! 더 타고 싶어요!"

부모 손을 잡고 모터보트로 청평호를 한 바퀴 돌아온 아이들이 상기된 얼굴로 탄성을 지른다. 강물 여행은 물미나루에서 시작해 홍천강과 북한강이 만나 하나가 되는 청평호 수면 10㎞를 돌아오는 코스로, 마을 방문객이 가장 선호하는 재밋거리다.

20분 남짓 강렬한 강물 여행을 마치고 돌아오면 또 다른 감동이 기다린다. 주민들이 직접 조성한 굼치의 야생화 꽃길을 걸으며 강에 얽힌 이야기와 습지 식물의 이야기를 듣는 생태 해설이 그것.

강물이 흘러들어 형성된 습지인 굼치를 따라 걸으며 수생식물과 야생식물을 눈으로 보고 손으로 만지며 듣는 생태 해설은 강물 여행의 짜릿함과는 다른 신비함과 감동을 선사한다. 토종 어류의 산란장이 되기도 하고, 다양한 야생화가 조화롭게 피어나 자손을 전하는 생명의 터전인 굼치에 관한 이야기보따리는 방문객에게 깊은 인상을 남긴다.

물과 산이 한데 어우러져 물뫼(水山)로 불렸던 습지 마을 물미는 최근 아름다운 자연환경이 알려지면서 농촌관광 마을로 부상하고 있다. 가평읍에서 마을로 통하는 진입로가 좁고 험해 오지로 남아 있다가 2012년 홍천강 하천 정비로 물미나루가 조성되면서 물놀이를 즐기려는 사람이 하나둘 찾아오며 알려졌다.

1. 굼치 전망대에서 바라본 물미연꽃마을. 2. 아이들이 굼치 주변에서 채취한 나뭇잎과 들꽃을 바닥에 펼쳐놓고 생태 해설을 듣고 있다.

물놀이와 농촌 체험, 새로운 소득원

조용하던 마을이지만 방문객이 늘어나며 펜션이 속속 들어서고 물미나루에는 수상스키장도 조성돼 요즘 같은 여름철이면 관광객으로 마을이 가득 찬다. 습지가 많고 산지가 험해 들깨 등 일부 밭작물을 소규모로 생산하던 주민들은 마을 환경이 바뀌면서 관광객을 대상으로 농촌관광 프로그램을 개발해 새롭게 출발하고 있다.

원주민과 귀농·귀촌인이 섞여 있는 물미연꽃마을은 차별 없이 참여할 수 있는 협동조합 형태의 마을 조직을 결성해 농촌관광에 나서고 있다. 2012년 '송산리연꽃마을 협동조합'을 결성했고, 이듬해 녹색농촌체험마을에 선정돼 체험관을 건축하고 굼치 생태 코스를 개발하는 등 농촌관광에 열의를 보이고 있다.

인근 관광지 연결하는 유람선 정기 노선 추진

5년째 농촌관광사업을 하고 있는 물미연꽃마을은 관광객이 늘어나 돈을 버는 것도 좋지만, 한편으로는 너무 많은 사람이 몰려와 아름다운 자연환경을 파괴할까 봐 걱정이다. 때문에 마을 진입로가 1차선의 좁은 도로로 남아 있는 지금이 낫다는 의견도 제법 많다.

대신 청평호반의 나루터를 연결하는 유람선을 유치하는 데 노력을 기울이고 있다. 현재는 물미나루에 대형 선착장이 없고 이용객이 많지 않아 유람선이 그대로 지나

굼치 길에 마을에서 생산하는 잣을 까고 남은 껍데기를 바닥에 깔아 건강 산책과 아울러 마을 특산품을 알리고 있다.

가지만 마을의 아름다운 입지 조건이 알려지면서 방문객이 늘어날 것으로 예측돼 유람선 기착을 기대한다.

이성자 물미연꽃마을 대표는 “우리 마을에서 남이섬까지 배로 30분이면 갈 수 있는 거리”라며 “유람선이 마을로 들어오면 관광객을 통제하면서도 다양한 체험 관광 프로그램을 운영할 수 있어 주민들의 기대가 크다”고 말했다.

2017년 7월호

INTERVIEW

김성만 물미연꽃마을 사무장

주민이 중심 되는 마을 개발 절실

“마을을 지켜온 주민에게 관광 소득이 돌아갈 수 있으면 좋겠어요.”

김성만 물미연꽃마을 사무장은 “마을에 사람들이 많이 오는 것은 좋은 일이지만 오랜 세월 자연을 보존해온 주민이 소득 사업에서 소외돼서는 안 된다”고 강조했다.

청평호 주변에는 수상스키 등 물놀이를 즐길 수 있는 레저 시설이 즐비하게 들어서 있다. 이제 막 자연환경이 세상에 알려진 물미연꽃마을에도 도시의 대규모 자본을 앞세운 기업형 투자가 예상돼 개발 초기부터 주민 참여가 전제되는 개발 정책 마련이 절실하다.

김 사무장은 “자본을 앞세운 무분별한 난개발은 환경 악화만 부추길 뿐”이라며 “낚시와 캠핑족으로 인해 오염된 굼치에 연을 심고 아름다운 마을 명소로 재탄생시킨 것도 주민들”이라고 말했다.

“아무 제한 없이 마을에 관심 있는 분들을 조합원으로 받아들이기 위해 협동조합 형태의 마을 조직을 결성한 것”이라는 김 사무장은 “송산리연꽃마을협동조합이 창구가 돼 환경을 살리면서도 자연친화적인 마을 개발이 이뤄졌으면 좋겠다”고 제안했다.

“그렇게 되면 마을을 지켜온 분들에 대한 최소한의 보답도 되고, 더 나아가 도시에 있는 자녀들이 마을로 돌아와 정착하는 선순환의 구조를 갖출 수 있을 것”이란 포부도 밝혔다.

우리 마을 자원

{ 굼치 }

홍천강 물이 흘러들어 만들어진 자연 습지다. 외지에서 온 낚시꾼들로 인해 오염돼 역한 냄새가 풍겼지만 주민들이 연을 심고 관리한 2009년 이후 마을 최고의 매력물이 됐다. 습지를 따라 1.5㎞ 둘레길이 조성돼 있다. 연 구입비를 마을에 희사한 박호선 선생의 이름을 딴 쉼터 '호선정'이 인근에 있다.

{ 마을 펜션 }

녹색농촌체험관은 마을에서 운영하는 펜션이다. 마을에서 좀 떨어진 산중에 있어 수상 스키장에 임대해 운영한다. 최근 마을을 방문하는 관광객이 늘어나며 마을에 주민들이 운영하는 펜션이 들어서 이국적 풍치를 자아낸다. 마을협동조합 회원인 물미마을연꽃호수펜션(www.sslake.co.kr)은 마을과 연계해 1박 2일 숙박형 농촌 관광 프로그램을 제공한다.

{ 수상 스키장 }

마을에는 수상 레저 전문 업체 두 곳이 영업을 하고 있다. 마을이 경영에 참여하지 못하는 것은 아쉽지만, 마을과의 연계 프로그램을 갖고 있다. 농촌관광을 위해 마을을 방문하면 모터보트와 수상스키를 보다 저렴하게 이용할 수 있는 것. 연말이면 마을에 수익 일부를 기부한다.

{ 연잎 요리 }

주민들이 굼치에서 자라는 연근과 연잎·연꽃·연자를 수확해 요리를 한다. 관광 두레의 도움으로 보양연잎밥상 등 13가지 연 요리를 개발해 활용하고 있다. 인기 요리는 연잎밥과 연잎칼국수 종류다. 연잎 요리는 사전에 예약하면 주민들이 만들어주기도 하지만 조리법에 맞춰 직접 만들어 먹을 수도 있다. 연잎 요리와는 별도로 인근 회곡리 다물촌효소체험장과도 연계해 먹거리 체험을 늘려갈 계획이다.

{ 연꽃축제 }

연꽃이 피는 7월 중순에 마을에서 열린다. 연꽃이 아름다운 굼치 주변에 축제장을 마련하고 주민과 관광객이 함께 즐기는 작은 축제다. 올해로 3회를 맞는 연꽃축제는 주민이 기획하고 참여하는 방식으로 방문객과 함께 즐기는 축제다. 주민과 귀농·귀촌인 모두 참여해 마을 비전을 나누는 소통의 장이 되고 있다.

{ 오토캠핑장 }

홍천강 하천 부지를 이용해 조성했다. 조성 전에는 야영을 즐기려는 사람들이 마을 여기저기에 텐트를 치고 쓰레기를 버리고 돌아가 여간 골칫거리가 아니었다. 주민들은 환경을 보호하기 위해 한국수력원자력의 협조를 얻어 마을이 임대 계약을 체결하고 오토캠핑장을 마련했다. 야영객을 한곳에 모으고 관리하면서 마을 환경 보호는 물론 소득원으로도 가능성이 엿보인다.

한 걸음 더 들어가기

흥미를 유발하는 생태 해설 : 도꼬마리 열매 던지기

"도꼬마리 열매는 왜 고슴도치처럼 가시가 가득할까요?"

"사람들이 만지면 안 되니까요!"

"화가 났어요!"

강물 여행을 다녀온 아이들이 굼치 생태 해설에서 도꼬마리 군락지를 만났다. 생태 해설가의 물음에 아이들의 대답은 천차만별이다. 화가 난 고슴도치처럼 가시를 온몸에 뒤집어쓴 도꼬마리의 작은 열매에 아이들과 부모들의 시선이 집중된다.

도꼬마리는 우리나라 전역에 자생하는 한해살이풀이다. 열매를 말려 사용하는 '창이자(蒼耳子)'라는 약재로 더 잘 알려져 있으며, 열매 모양이 특이해 생태 해설과 현장 놀이 재료로 많이 쓰인다. 열매에는 가시가 가득 달려 있어 어디에나 잘 달라붙는다. 야생동물의 털에 달라붙어 멀리 자손을 전파하기 위해 진화한 형태인데, 이 특징을 이용해 생태 해설과 놀이를 겸할 수 있다.

"자! 이제 도꼬마리의 특성을 알았으니 재미있는 놀이를 해볼까요?"

현장에서 마련한 수건을 과녁 삼아 던지기 놀이를 한다. 도꼬마리를 처음 보는 아이도, 함께 온 부모도 신기한 생태 해설에 시간 가는 줄 모른다. 초여름 환하게 피어난 야생화와 이름도 생소한 풀 해설이 이어질 때마다 해설가 주변에 모여드는 방문객 눈가에 호기심이 가득하다.

1. 방문객의 오감을 최대한 활용하라

생태 해설은 방문자의 관심과 즐거움, 이해를 증진시키는 과정이다. 지식을 강조하기보다 오감을 이용해 느끼고 체험할 수 있도록 진행한다.

2. 흥미를 유발하라

숲이나 들판은 열린 공간이기 때문에 방문객이 산만해지기 쉽다. 흥미를 잃지 않고 따라올 수 있도록 오락 요소를 순간순간 준비한다.

3. 방문객 수준을 고려하라

생태 해설에 있어 가장 중요한 요소다. 방문객의 지식과 관심 분야, 할애된 시간, 신체 조건이나 언어 특성, 계절을 고려해 맞춤 서비스를 제공한다.

1

경기 양평
단월면 수미마을

365일 축제가 열리는 체험 백화점

수미마을에는 가족 단위 방문객이 많다. 언제든 농촌이 생각나면 아무런 계획 없이 마을을 찾아도 즐길 거리가 넘쳐난다. 50가지가 넘는 다양한 프로그램이 365일간 꽉 차 있는 농촌체험 백화점 같은 마을이라 할까?

수미마을(www.soomy.co.kr)은 서울에서 경기 양평을 거쳐 동해안으로 이어지는 6번 국도에 접해 있는 마을이다. 마을 앞으로는 돌다리로 건너다니는 개울이 흐르고, 그 주변에는 농경지가 아름답게 펼쳐져 있다. 마을 뒤로는 산책하기 적당한 나지막한 산이 자리하고, 산기슭에는 도토리골 저수지가 있어 농촌체험 마을로는 안성맞춤이다.

그래서인지 양평군의 20여 개 농촌체험 마을 가운데 비교적 늦게 사업을 시작했지만 성장 속도는 가장 빠르다. 2007년 녹색농촌 체험마을로 선정되며 시작한 농촌체험 사업은 어느새 한 해에 6만 명의 방문객이 다녀가는 규모로 성장했다.

수미마을에는 농촌에서 할 수 있는 체험거리와 자연의 혜택을 만끽하는 프로그램이 모두 있다. 농촌체험의 기본인 농작물 수확부터 자연을 이용한 물놀이와 산책, 농촌에서 일정 기간 살아보는 '양평살이'에 이르기까지 다양하다.

마을에서는 체험 프로그램을 계절별로 구분해 끊임없이 진행한다. 덕분에 언제 가도 계절에 맞는 농촌의 모습을 보고 즐길 수 있다. 특히 계절마다 축제가 열려 방문자의 마음을 들뜨게 하는 묘미가 있다.

농촌 체험거리가 빈약한 계절이 겨울이지만 수미마을의 겨울 축제는 여름만큼 인기다. 물을 채워 얼려놓은 농경지에서 썰매를 타거나 마을 뒷산 저수지에서 얼음낚시와 눈썰매를 즐길 수 있다.

겨울 끝자락인 2월부터는 딸기축제가 이어진다. 상큼한 딸기를 농장에서 따 먹으며 봄을 맞이한다. 여름철에는 가장 많은 사람이 마을을 찾는다. 마을 앞을 지나는 개울에는 물놀이장을 꾸며놓았다. 가을에는 몽땅구

1. 수미마을에는 봄·여름·가을·겨울 사계절 축제가 열린다. 빙어축제 모습. 2. 인절미 만들기 체험.

이축제를 열어 관광객이 마을에서 생산하는 농산물을 수확하고, 구워 먹고, 쪄 먹고, 깎아 먹으며 농촌을 온몸으로 느낄 수 있다.

소사장제로 마을 주민에게 일거리와 소득 제공

수미마을이 짧은 시간에 빠르게 성장한 핵심은 소사장제의 도입이다. 초기 단계에는 모든 체험 프로그램을 마을에서 공동 운영하고 수익을 분배하는 형태였지만, 사업이 지속되면서 소사장제를 도입해 마을 주민들이 경영에 참여하도록 하자 급성장했다.

현재 마을에는 6개 소사장제 사업장이 있다. 사륜 오토바이를 타고 개울 길과 마을을 둘러볼 수 있는 ATV 체험장, 마을 대표 먹거리 프로그램인 딸기 농장과 찐빵 사업장, 마을에서 생산하는 온갖 농산물을 넣고 만드는 피자 체험장, 마을 체험장을 이동하며 아이스크림을 파는 가게 등이 소사장제 사업장이다.

사업장마다 경쟁력과 독창성이 생기면서 마을 체험의 지형이 확 바뀌었다. 매출을 늘리기 위해 새로운 체험거리 개발이 촉진됐고, 서비스도 개선돼 전체 마을사업의 경영 효율성이 높아졌다. 더구나 주민들이 직접 사업주가 되면서 마을사업에 대한 자긍심이 생기고 주인의식도 높아졌다. 다만, 여러 마을사업이 좁은 공간에서 펼쳐지면서 짜임새와 통일성이 부족하다는 지적을 받는다. 마을에서는 이를 받아들여

수미마을은 방문객 센터를 중심으로 하천 주변이 모두 체험 공간이다.

체험 상품을 재편하고 사업장 관리 시스템을 도입해 수미마을의 고유 이미지를 만드는 데 관심을 기울이고 있다.

2018년 4월호

INTERVIEW

최성준 수미마을 추진위원장

'서서딸기'와 '앉아딸기'의 차이를 아세요?

"토경재배와 수경재배를 아무리 설명해도 이해를 못하더군요. 딸기 체험 브랜드를 '서서딸기'와 '앉아딸기'로 바꾸고 나니 더 이상 설명할 필요가 없어졌어요."

최성준 수미마을 추진위원장은 "마을 체험도 브랜드가 생명"이라며 "이름만 바꿔도 관심을 받을 수 있는 것이 농촌에는 많다"고 강조했다.

수미마을 체험장 곳곳에는 재미있는 표현이 붙어 있다. 마을 투어버스 옆면에는 '마차 운행 시간은 마부의 마음'이라거나 '불친절하니 각오해라' 등 재미있는 문구가 쓰여 있다.

"마을 방문객의 가장 큰 불만이 마을 투어였어요. 대부분 '불친절하다' '시간을 맞추지 않는다' 등이었는데 아무리 주민들에게 서비스 교육을 해도 효과가 별로 없었어요. 고민 끝에 주민을 바꾸려고 노력하기보다 그 자체를 상품화하자는 생각에 이런 문구를 써 붙였어요. 뜻밖에 반응이 좋았어요. 그때부터 방문객과 주민들의 불만이 많이 줄어들었어요."

7년 전 서울에서 광고업을 하다 귀농한 최 위원장은 이런 사례를 통해 감성을 자극하는 재치 있는 말과 글이 방문객의 마음을 움직인다는 것을 경험하고 기능적으로 붙여놓은 체험의 명칭을 바꿔 브랜드화하는 노력을 기울이고 있다.

"몽땅구이축제, 메기수염축제와 같은 명칭이 생긴 배경도 브랜드화하려는 시도"라는 최 위원장은 "50여 가지 마을 체험을 방문자의 관심 정도에 따라 재분류해 기억에 남을 만한 이름을 붙여 상품화할 생각"이라고 밝혔다.

우리 마을 자원

{ 양평딸기도시락축제 }

수미마을에서 열리는 봄 축제다. 2~5월까지 열리며, 딸기 농장을 방문해 싱싱한 빨간 딸기를 마음껏 따 먹고 수확의 기쁨을 누릴 수 있다. 주민들이 만든 주먹밥 · 김밥 도시락을 봄기운이 완연한 들녘에서 맛있게 먹기도 한다. 사람들은 마을에서 제공하는 다양한 농촌체험으로 오후를 보내고 돌아간다.

{ 메기수염축제 }

행복한 여름 여행 추억을 선사하는 수미마을의 대표적인 여름 축제다. 마을 앞을 지나는 개천이 천연 수영장이다. 물가에는 아이들을 위한 물 미끄럼틀이 있고 물고기를 잡는 족대도 있다. 개천 변에는 메기 잡기 체험장이 있어 맨손으로 메기를 잡아 즉석에서 요리를 만들어 먹는 재미를 느낄 수 있다. 특히 비 오는 날에도 축제가 진행되므로 비 내리는 농촌의 자연 속에서 색다른 산책을 경험하기에도 좋다.

{ 몽땅구이축제 }

먹거리가 풍성한 가을에 열리는 축제다. 150년 전 선조들이 심어놓은 밤나무 숲에서 밤을 주워 담으며 추억을 만든다. 마을에서 생산되는 감자 · 고구마 · 옥수수 등 농산물을 직접 수확하고 즉석에서 삶거나 쪄 먹는 즐거움이 있다. 마을에서 저수지로 이어지는 경치가 아름다운 산책로를 사륜 오토바이로 달리며 농촌의 가을을 마음껏 탐닉한다.

{ 빙어축제 }

수미마을의 숨어 있는 비경, 도토리골 저수지에서 펼쳐진다. 양평군내수면사업소가 치어를 방류해 빙어 자원이 풍부하다. 빙어 낚시 외에도 연날리기와 제기차기, 팽이치기, 얼음썰매 등 겨울 놀이를 함께 즐길 수 있다. 입장료를 내면 낚시 도구와 겨울 체험 프로그램을 모두 이용할 수 있다. 수미마을의 겨울 축제는 농림축산식품부의 '겨울 보내기 좋은 농촌관광 코스'로도 선정됐다.

한 걸음 더 들어가기

도시 부럽지 않은 마을 소사장

수미마을의 소사장은 마을 주민이 대부분이지만 지역의 전문인이 참여하기도 한다. 소사장은 1년 단위 계약제로 운영되며, 매출액의 20%를 마을에 수수료로 지불한다. 신규 소사장이 되기 위에서는 마을회의에서 3분의 2의 승낙을 받아야 한다. 소사장에 선정되고 프로그램을 개시하려면 2년 정도 걸린다. 마을 내 시장조사를 거쳐 안정된 수익을 올릴 수 있는 체험을 개발하고 시험 운영해 부족한 부분을 개선하는 과정을 거쳐 최종 계약으로 이어진다.

1. 수미찐빵 마을 주민이 직접 경영하는 마을 내 최초의 소사장 사업장이다. 마을 공동사업 초창기부터 10년째 이어지고 있다. 봄에는 딸기, 가을에는 호박 등 계절 농산물을 넣어 색다른 찐빵을 만들어 먹는다. 자신의 농장과 농산물을 이용해 비용을 줄여서 성공을 거뒀다.

2. 피자와 스파게티 마을 대표가 경영하는 소사장 사업장이다. 아이들이 좋아하는 피자를 통해 농촌의 맛을 알려주기 위해 기획했다. 피자 도우에 계절에 맞는 과채와 치즈를 듬뿍 넣고 만들어 맛이 기막히다. 마을에서 직접 생산한 농산물만을 사용해 가격이 다소 높지만 가족 단위 방문객이 식사대용으로 주로 찾는다.

3. 딸기 향초와 방향제 마을 방문의 기념품 역할을 한다. 마을 방문객은 보통 2~3가지 체험을 하는데 그중 가족이 함께 만드는 딸기 향초와 방향제는 마을을 오래 기억할 수 있는 추억의 기념품이다. 다양한 색을 입힌 모래와 자갈을 사용해 만드는데 아이들이 특히 좋아한다.

4. 네 바퀴 체험 사륜 오토바이를 이용해 마을의 4가지 코스를 돌아오는 체험이다. 수미마을에는 가족 단위 방문객이 많고 아이들과 함께 사륜 오토바이를 타는 경우가 많다. 다만, 운전법이나 안전교육을 위해 레저 스포츠 전문가의 도움이 꼭 필요하고 초기 투자비가 많이 든다.

5. 병만이의 아이스크림 가게 마을 체험장을 돌며 차와 아이스크림을 판매하는 소사장 사업체다. 이동식 판매대를 이용해 마을 방문객이 있는 곳이면 어디든 간다. 방문객 주변으로 다가가는 현장 판매로 매출액을 높인다.

6. 패밀리팜 마을 주민이 자신의 농장을 이용하는 소사장 사업장이다. 조랑말 등 동물 30여 마리와 장수풍뎅이를 사육한다. 어린이를 대상으로 농사 체험 프로그램을 운영하는 교육 농장이다.

전북 완주 구이면
안덕건강힐링체험마을

자연 속 건강과 힐링 공간

사람이 살지 않던 산골에 건강 힐링 체험 단지가 세워졌다.
황토로 지은 전통 가옥풍의 펜션이 줄지어 들어서고 오래전 금광으로 사용되던
동굴이 한증막으로 거듭나면서 수많은 사람이 찾고 있다.

안덕건강힐링체험마을(이하 안덕마을)에 들어서면 정갈한 한옥의 건강 힐링 체험단지 모습에서 평온함을 느낀다. 계곡에 흐르는 깨끗한 물에 발을 담그거나 황토펜션 마루에 걸터앉아 싱그러운 바람을 맞으면 저절로 힐링이 된다.

안덕마을에서는 무더위를 느낄 틈이 없다. 모악산의 높고 낮은 봉우리가 사방을 둘러싼 깊은 계곡에 자리해 더위는 발붙일 곳이 없다. 여름 뙤약볕이 내리쬐지만 골짜기에서 불어오는 골바람 덕에 무덥게 느껴지지 않는다. 저녁이면 오히려 서늘해 피서지로는 최적지다.

문 닫은 금광과 토속 한증막 연계 상품화

해마다 10만 명이 찾는 안덕마을의 특징 중 하나는 토속 한증막이다. 무더운 여름에 무슨 한증막이냐 하겠지만, 장작으로 불을 지피는 후끈한 한증막에서 피로를 풀며 쉬려고 찾아오는 사람이 많다. 성수기가 여름과 겨울이라 할 정도로 방문자가 많다. 뜨끈한 한증막에서 화끈 달아오른 몸을 금광에서 흘러나오는 냉기와 찬물로 식히는 묘미가 사람들을 끌어들인다.

또 다른 특징은 모악산 계곡 근처에 자리 잡은 황토방이다. 마을 주민 대부분이 참여하는 안덕파워영농조합법인이 운영하는 황토방은 전통 한옥 구조다. 특히 요초당과 같이 옛 서원의 모습을 그대로 옮겨놓고 다례와 전통 혼례도 치러 건강뿐만

1.사람이 살지 않던 지역을 건강힐링 체험단지로 개발해 자연을 최대한 활용했다. 2.토속 한증막. 3.황토 펜션.

아니라 우리 전통을 알리고 보전하는 데 큰 역할을 하고 있다.
안덕마을은 주민들이 스스로 사업장을 만들어 경영에 참여하는 방식으로 운영된다. 그래서 건강 힐링 체험 단지 안에는 주민들이 직접 투자해 만든 황토펜션과 체험장·매점·농가주막 등이 여섯 곳이나 있다.
마을의 토속 한증막도 처음에는 외부인이 투자·운영했지만 이후 마을법인이 임차하다가 지난해 8억 원에 구입해 직접 운영하고 있다. 마을법인이 운영하는 것은 토속 한증막과 세미나장, 황토펜션이 전부다. 안덕마을 웰빙식당이나 한옥펜션, 수펜션과 매점, 다례와 전통 혼례를 치르는 요초당 등은 주민이 집을 짓고 직접 운영하거나 마을법인에 위탁하는 방식으로 수익을 공유한다.
여느 농촌관광 마을과 다른 점은 임차료를 내고 마을이 시설을 빌려 운영한다는 데 있다. 마을에서 방문객을 알선하고 수수료를 받는 간접적인 운영 방식보다 마을이 직접 시설을 빌리고 매달 임차료를 지급하는 방식은 흔치 않다. 투자자들이 직접 운영하는 것보다 마을법인에 맡기는 편이 관리나 수익 면에서 낫기 때문에 도입한 방법일 것이다.
이런 시설 임대차 방식은 마을법인으로서는 경영에 부담되는 반면 마을 투자자는 일정 부분의 수익을 안정적으로 올릴 수 있어 도움이 된다는 의견이다. 아울러 마을법인 입장에서도 일정 수준 이상의 경영 성과를 내야 하기 때문에 마을 홍보와 방문객 유치, 체험프로그램 개발 등 보다 적극적인 경영 활동에 나서는 효과가 있다. 특히 주민들이 투자한 시설은 마을 공동 소유가 아니므로 연중 이용 효율성이 높고, 일반적인 마을 공동사업이 갖는 주인 의식 결여 현상이 현저하게 낮다는 것이 주민들의 설명이다.
안덕마을은 마을법인의 소유는 최소화하되, 주민들의 투자를 늘려 실질적인 소득이 주민에게 돌아갈 수 있도록 마을 경영의 방향을 잡았다. 때문에 농촌관광 10년 차를 맞으면서 건강 힐링 체험 단지 주변에도 주민들이 개별적으로 운영하는 황토펜션과 원룸이 속속 들어서며 마을과 상호 시너지 효과를 일으키고 있다.

2018년 8월호

마을을 방문한 외국인들이 전통놀이를 하며 우리문화를 배우고 있다.

INTERVIEW

유영배 안덕건강힐링체험마을 촌장

마을은 핵심 시설만 운영, 주민에게 소득 기회 확대

"우리 마을의 콘셉트는 자연과 건강과 전통입니다. 여기에 적극적인 주민 참여가 마을 성공의 지름길이 됐습니다."

유영배 안덕건강힐링체험마을 촌장은 "농촌관광 10년 만에 아무도 찾지 않던 산골에 10만 명의 관광객이 다녀갈 정도로 유명세를 탄 것은 주민들의 참여와 적극적인 경영의 산물"이라고 밝혔다.

"예전에 건축업을 했던 경험을 살려 한옥의 이미지로 시설을 설계하고, 여기에 건강의 기능성을 덧입히기 위해 황토를 활용한 것이 자연과 어울리고 평온함과 아름다움이 동시에 유지되는 비결이 됐습니다." 상업적 아이디어가 있는 전문가들과 협력해 투자를 유치하고, 폐금광을 이용해 한증막을 개발하며, 마을에 한의원을 운영하는 등 현대인의 건강 욕구에 마을 개발의 초점을 맞춘 것도 성공의 기반이 됐다고 설명했다.

"이제 남은 과제는 방문객을 지속적으로 유치하고 수익을 마을에 돌리는 일"이라는 유 촌장은 "마을법인은 핵심 시설만 운영하고 주민이 다양한 수익 시설을 창출해 모두가 안정적인 소득을 올리도록 하겠다"고 강조했다.

또 유 촌장은 "주민들이 직접 투자를 하거나 마을법인 운영에 참여하고, 마을에서 생산한 농산물을 가공 · 판매하는 6차 산업화를 통해 마을 소득 기반을 더욱 확대해나갈 계획"이라고 말했다.

INTERVIEW

브래들리 시어하트 미국인 관광객

한국의 농촌 체험, 외국인에게도 매력적

"한국의 전통을 경험하고 산촌을 방문한 것이 신기하고 즐겁습니다. 미국에 돌아가 한국인 친구에게 자랑할 추억을 많이 만들고 싶습니다."

미국 텍사스주 슈라이너대학에서 이스포츠(E-sports)를 강의하고 있는 브래들리 시어하트 씨는 "한국 전통 한옥에서 자고 투호와 같은 전통놀이를 경험한 것이 오래도록 기억에 남을 것 같다"고 밝혔다.

대전에 있는 한남대학교 국제교류원이 초청한 미국의 5개 대학 학생들을 이끌고 방한한 브래들리 씨는 "한국에는 처음 왔지만, 첫날은 전주 한옥마을을 관광하고 저녁에는 한국의 산촌인 안덕마을에서 밤을 보내고 나니 한국 문화와 무척 친근해진 느낌"이라고 소감을 말했다.

투호에 깊은 관심을 보이고 오랫동안 화살 던지기에 집중하며 한국 문화를 체험한 브래들리 씨는 "화살을 던지며 전사와 같은 느낌을 받았는데 한옥에 살며 하인을 부리던 양반들이 이런 놀이를 했다는 것이 재미있다"고 강조했다.

또 "윗사람에게 공손하고 다른 사람들의 음식을 챙겨주는 한국인의 친절을 보면서 한국 문화와 사람들의 특성을 이해하는 데 도움이 됐다"며 감사했다.

브래들리 씨는 "미국의 체험은 인공적인 것이 많은 반면에 한국의 농촌 체험은 자연적이고 전통적이어서 외국인에게 한국 문화를 알리는 데 매력적인 수단이 될 것 같다"고 말했다.

■ 외국 대학생 한국학 · 한국문화 연수 프로그램 소개

한남대학교는 영어권 자매학교의 대학생을 한국으로 초청하는 한국문화 연수 프로그램을 해마다 진행한다. 2015년부터 여름이면 외국인 대학생을 대상으로 한국학·한국문화 연수 프로그램(Korean Studies Summer Program)을 운영해 외국인 대학생 300여 명을 한국으로 초청했다.

한국 문화를 체험하며 한국어를 배우는 과정으로, 한국 전통 관광지와 농촌마을을 방문해 한국의 전통과 생활문화를 체험한다. 한국농어촌공사에서 농촌 체험비의 50%를 보조한다.

우리 마을 자원

{ 토속 한증막 }

전통 구들 방식의 한증막에 장작을 지펴 온도를 높인다. 10여 가지 한약재를 우려낸 물로 황토를 반죽하고, 솔잎과 약쑥을 배합해 구들과 벽을 만들었다. 멍석이 깔린 구들에 앉으면 한약재를 머금은 은은한 향과 열이 퍼져 몸의 노폐물을 잘 배출하도록 도움을 준다. 한증막에서 몸에 열이 오르면 이곳과 연결된 금광동굴의 시원한 물과 냉기로 몸을 식혀 한여름에도 상쾌한 기분이 들게 한다.

{ 금광동굴 }

오래전 폐광된 금광에 안전시설을 갖춰 걸어서 동굴 안쪽으로 들어갈 수 있게 개조했다. 동굴 안쪽에는 휴식과 냉탕을 즐길 수 있는 공간이 마련돼 있다. 동굴 안에서 자연적으로 발생하는 찬 공기와 발밑으로 흐르는 맑은 물이 한껏 달아오른 더운 몸을 시원하게 해 계절에 관계없이 한증막을 이용하는 묘미가 있다.

{ 황토펜션 }

마을법인이 직접 운영하는 황토방을 비롯해 요초당, 유유순 명인관 등 주민들이 운영하는 황토펜션이 여러 곳 있다. 마을법인이 운영하는 황토방은 4~9인실 7동이 있다. 이용 요금은 평일 기준 8만~17만 원 수준. 황토펜션외에도 현대적 시설을 갖춘 수펜션과 자연 속에서 캠핑을 즐기는 카라반도 있다.

{ 맑은 물과 바람이 있는 건강 산책로 }

안덕마을에는 전체 7㎞에 이르는 세 개의 숲 산책로가 있다. 마을 주차장에서 시작해 마을 뒷산인 모악산 정상에 이르는 코스이며, 마을을 관통해 흐르는 계곡을 따라 걷는 숲길과 마을을 사이에 두고 양쪽의 계곡 능선을 따라 걷는 두 개 코스가 있다. 모두 맑은 물과 바람이 있는 편안한 자연 속의 힐링 길이다. 마을 산책로는 모악산 마실길 2-1구간과 겹친다.

{ 건강 쑥뜸과 웰빙 식단 }

건강 쑥뜸은 한증막과 연계된 체험이다. 한증막에서 휴식하는 동안 건강에 좋은 약쑥을 이용해 뜸을 뜬다. 쑥뜸은 몸을 따뜻하게 하고 소화 기능을 좋게 하는 효능이 있어 건강을 위해 마을을 찾은 사람들에게 인기다. 현대인의 건강에 필수적인 웰빙식단은 안덕마을만의 먹을거리 체험이다. 웰빙식당에서는 마을에서 생산하는 유기 농산물만을 이용한 건강 식단을 제공한다.

강원 횡성 청일면
고라데이마을

힐링 하기 딱 좋은 '청정골'

조용한 산속에서 휴식을 즐기려는 사람들이 찾아드는 곳.
강원 횡성 발교산의 명물 봉명폭포의 시원한 물줄기가
온유한 산세를 따라 흐르며 만들어내는 계곡 사이사이에는
여름을 나는 방문객의 즐거운 소리가 가득하다.

아이들은 시원한 계곡물에서 물장구를 치고, 할아버지는 손자의 물놀이를 가끔씩 바라보며 흐뭇한 표정으로 독서 삼매경에 빠져든다. 물놀이에 지친 아이들은 물고기를 잡다가 잠자리를 발견하고 쫓아다니며 자연에서 여행을 즐긴다. 강원 횡성 청일면 고라데이마을(goradaeyi.go2vil.org)에서 만나는 한가로운 여름나기 표정이다.
산골마을인 고라데이마을은 발교산에서 불어오는 시원한 바람과 청정한 자연이 만들어내는 그늘과 그 속살을 흐르는 깨끗하고 차가운 계곡물이 풍부해 피서지로 알맞은 곳이다. 유명 관광지 같은 물놀이 시설이나 고급 숙박 시설은 아니지만 청정한 자연과 마을의 전통이 잘 반영된 펜션과 농촌체험 시설이 고루 갖춰져 있다.
맑은 물이 흐르는 계곡과 다양한 동식물이 사는 자연림에 둘러싸인 고라데이마을 체험관은 130여 명이 함께 숙박할 수 있을 만큼 시설을 잘 갖추고 있다. 가족 단위 방문객이 머무는 마을 펜션은 푸르른 자연 속에 자리하고 있다. 화전민이 살던 옛날 가옥을 재현해 지어놓은 안채와 사랑채는 전통의 멋이 흐른다.
마을 체험관 한가운데에는 운동장이 있고, 주변에는 화전민이 살던 주거 모습을 그대로 보전해놓았다. 통나무를 잘라서 세운 움막이 있고, 화덕이 곳곳에 있어 장작으로 밥을 지어 먹을 수도 있다.

1. 고라데이마을 계곡은 물이 맑고 자연이 아름다워 가족 단위 피서객이 휴가를 보내려고 많이 찾는다. 봉명폭포 자연 트레킹. 2. 할아버지와 손자 손녀가 물놀이를 하며 여름 휴가를 보내고 있다. 3. 체험관 중앙에는 넓은 운동장이 있어 산골 운동회와 같은 활동적인 체험을 진행한다.

2

3

방문객이 마음 놓고 놀다 가는 곳

고라데이마을에서는 청정하고 아름다

운 자연 속에서 편히 쉴 수 있다. 운동장 한쪽에 만들어놓은 그늘막에서 낮잠을 자고, 더우면 바로 옆 계곡에서 발을 담그며 책을 읽기도 한다. 배가 고프면 마을 식당에서 건강식으로 제공하는 전통 음식을 즐길 수도 있다.

마을에 온 방문객이 스스로 쉼의 형태를 결정해 마음껏 놀다 간다. 필요하면 촌장에게 마을에서 즐길 수 있는 체험거리를 요청하기도 한다. 농촌체험 휴양마을인 고라데이마을은 체험거리 30여 가지를 준비해 방문객의 요청에 따라 동네 사람들의 도움을 받아 프로그램을 진행한다.

2004년 농촌진흥청의 전통 체험마을로 지정된 고라데이마을은 지금은 사라지고 없는 화전민의 삶의 방식을 재현해 방문객이 체험해볼 수 있다. 화전 움막에서 불을 피우고 화덕에서 밥을 짓고, 화전민이 살던 마을까지 걸어 올라가며 자연 속 생태계를 체험하는 두 시간짜리 폭포 트레킹 코스도 있다.

마을에서 1㎞ 정도 떨어진 발교산 기슭에 있는 고라데이마을 체험관은 영농조합법인 형태로 운영한다. 주민 30여 명이 참여하고 있다. 강원도의 특색 사업인 새농촌 건설운동의 최우수 마을로 선정돼 받은 5억 원의 사업비를 종잣돈으로 주민들이 만든 마을 공동 자산이다.

연간 1만 5000명의 방문객이 다녀가는 고라데이마을 체험관은 해마다 수익금 일부

화전민들이 산속에서 임시 기거하던 화전움막이 재현되어 있다.

를 떼어 참여 농가에 배당한다. 물론 방문객을 대상으로 하는 체험에도 주민들이 직접 참여하거나 농장을 개방해 부가적인 수익을 올린다. 고라데이마을은 숙박과 농촌체험, 농산물 판매, 전통 음식 제공 등을 통해 농외소득을 올리고 있다.

2018년 9월호

INTERVIEW

이재명 고라데이마을 체험관 촌장

주민은 농사, 체험관은 전문가가 운영해야 바람직

"방문객이 누구의 간섭도 없이 자연 속에서 푹 쉬다가 돌아갈 수 있는 힐링 마을이 되기를 꿈꿉니다."

이재명 고라데이마을 체험관 촌장은 도시에 살면서 청소년 수련관을 운영하던 중 8년 전 고라데이마을을 방문했다가 마음에 들어 이곳으로 들어와 주민들과 함께 마을 사업에 참여하고 있다.

"좋은 시설을 해놓고도 전문적인 경험이 없어 운영에 어려움을 겪는 마을 사정을 듣고 귀촌을 결정했어요. 처음에는 마을과의 관계 정립과 방문객 유치 등 이중고를 겪으며 후회도 했지만 지금은 마을 사업이 사명이라고 생각하니 보람 있는 일이 더 많이 생겨요."

"농업인은 농사를 잘 짓고, 시설 운영은 전문가에게 맡기고 간접적으로 경영에 참여하는 것이 서로가 잘사는 길"이 라는 이 촌장은 "서로 잘하는 일에 집중해야 일자리와 소득을 같이 높이는 시너지 효과를 낼 수 있다"고 설명했다.

"우리 마을 최고의 자산인 자연 속에서 마음껏 쉬며 지친 심신을 달래고 돌아가게 하는 게 마을 체험관 운영의 콘셉트"라는 이 촌장은 "여기에 우리 마을만의 문화를 곁들여 재미와 신비감을 높였다"고 강조했다.

강원도 농촌체험휴양마을협의회 회장을 맡으며 마을의 경계를 넘어 도 단위 단체를 이끄는 이 촌장은 "대부분의 농촌체험마을은 방문객 유치가 가장 큰 난관"이라며 "우선은 학생들이 의무적으로 농촌마을을 방문할 수 있도록 교육부의 정책적 지원을 얻어내는 일과 강원도 농촌체험마을 전체가 참여하는 축제를 만들어 정보를 공유할 수 있도록 하는 일을 계획하고 있다" 고 밝혔다.

우리 마을 자원

{ 봉명폭포 자연 트레킹 }

'봉명폭포'는 물이 떨어지는 소리가 봉황의 울음소리를 닮았다 해서 붙여진 이름이다. 마을 체험관에서 40분 거리에 있다. 봉명폭포까지 숲 해설을 들으며 걷는 코스다. 계곡을 따라 형성된 산길을 걸으며 주변 동식물의 식생에 관해 듣는다. 화전민의 집터도 주변에 군데군데 남아 있어 그들의 삶을 엿볼 수 있다. 천천히 걸으면 폭포를 돌아 체험관으로 다시 오기까지 2시간 정도 걸린다.

{ 화전민 움막 체험 }

화전민 움막은 옛날 화전민이 일시적으로 사용하던 주거 형태다. 주위 나무를 잘라 길게 쪼개서 원뿔 모양으로 세우고 그 안에서 불을 지펴 생활하던 형태를 재현했다. 겨울에는 움막 안에서 불을 지피고 밤·감자·고구마 등 농산물을 구워 먹으며 화전민의 삶에 대한 이야기를 듣는다.

{ 산골 운동회 }

체험관 중앙에 있는 운동장에서 가족이나 팀 단위로 열리는 운동회다. 시골 초등학교의 가을 운동회를 본떠 만들었다. 마을 방문객이 청팀·홍팀으로 편을 갈라 촌장 주관으로 운동회를 연다. 우승자에게는 마을에서 생산하는 옥수수·감자 등 농산물을 상품으로 준다.

{ 밤 도깨비 담력 훈련 }

체험관 주변에 있는 짧은 산책로에서 열린다. 사방이 산으로 둘러싸인 체험관에 어둠이 내리면 금방 칠흑 같은 밤이 찾아온다. 이때 체험관 주변 산책로를 가족 또는 팀 단위로 함께 걷는 체험이다. 처음에는 나뭇잎 스치는 소리와 동물이 움직이는 소리에 소스라치게 놀라지만 점차 익숙해진다. 계곡 주변에서는 하늘로 날아오르는 반딧불이 모습도 관찰할 수 있다.

{ 자연을 먹는 건강 식단 }

주민과 방문객이 함께 이용하는 마을 식당, 농가 맛집인 이곳에서는 건강에 좋은 식단을 제공한다. 마을에서 생산한 농산물과 주변에서 채취하는 나물류로 건강식을 제공한다. 봄철에 나는 곤드레를 채취해 말려두고 사용하는 곤드레나물밥과 산겨릅나무(벌나무)·비사리· 세신·시호 등 한약재를 듬뿍 넣고 달여내는 고라데이백숙이 인기 메뉴다.

한 걸음 더 들어가기

농촌관광의 새로운 분야 '치유농업' *

치유농업은 농업 자체를 비롯해 농촌의 동식물과 자연경관을 이용해 육체적 또는 정신적인 건강을 증진하는 모든 형태의 활동을 의미한다. 농촌관광을 하는 상당수의 마을이 이미 초기 단계의 치유농업에 참여하고 있는 셈이다.

자연에서의 휴식과 여유를 추구하는 현대인의 트렌드와 맞물려 치유농업은 농촌관광의 새로운 패러다임으로 자리를 잡고 있다. 농업 선진국에서는 치유농업(care farming), 사회적 농업(social farming), 녹색 치유농업(green care farming), 건강을 위한 농업(farming for health) 등 다양한 용어로 설명하며 농업과 자연환경을 이용한 고부가가치 산업으로 발전시키고 있다.

국내에서는 농촌진흥청이 2013년 치유농업에 대한 개념을 정리하고, 오는 2023년까지 3단계 발전 전략을 추진하며 농촌에서의 새로운 성장 산업으로 육성하고 있다. 2017년까지 진행된 1단계에서는 국내 치유농업의 현황을 조사하고, 2018년부터 시작되는 2단계에서는 치유농업 자격 제도 시행으로 전문 인력을 양성하며, 관련 통계 자료를 생산해 치유농업의 산업화를 지원하고 있다.

치유농업의 핵심은 농촌이 지역 사회에 있는 학교와 병원, 행정 기관과 유기적으로 연결해 자원을 분석하고 치료 자원을 발굴해 공유하는 것이다. 치유농업의 소비층도 유치원생부터 청소년·청장년·노년층 그리고 의학적 또는 사회적으로 치료가 필요한 사람에 이르기까지 다양하다.

치유농업 프로그램은 농촌에서 쉬면서 자연을 만끽하는 산책부터 원예나 음악 치료사의 도움을 받아 전문적인 프로그 램을 제공하는 것, 한방병원과 같은 치료 시설을 세우고 청정한 자연환경 속에서 의료 서비스를 제공하는 등 형태도 다양하다. 선진국에서는 학생의 정서 함양과 성인의 스트레스 해소는 물론 치매·우울증·약물중독 등 전문 의료 분야까지 폭넓은 분야에서 치유농업이 이뤄지고 있다.

하지만 국내 농촌마을 대부분은 치유농업에 대한 이해가 부족하고, 시설과 전문 인력 등 기초 환경이 조성되지 않은 상태에서 치유농업의 개념만을 차입해 사용하고 있다. 이러다보니 마을 산책로 조성이나 먹을거리 등 기초적인 수준에 집중해 마을의 특징을 살려내지 못하는 게 현실이다.

1. 우리 마을에 맞는 치유농업 유형을 선택하자
2. 치유농업 전문가 교육에 적극 참여하자
3. 마을 방문객의 치유농업 효과를 측정해 활용하자

* 농촌진흥청(2017), 예방중심형 치유농업 기술보급 매뉴얼.

산, 강, 꽃, 길, 들, 담, 심지어 저 달빛까지
농촌마을의 경관은 그 자체가 훌륭한 관광자원이다
관건은 어떻게 개발 · 활용 · 관리할 것인가인데…
경관을 자원화한 농촌마을 10곳을 찾아가보자

제3부

美+觀…
사시사철 아름다운
농촌마을

제3부

사시사철 아름다운 농촌마을

美觀

충남 서산
운산면 여미 달빛예촌

역사와 예술이 어우러진 문화 마을

달빛이 여유로운 마을에 수선화의 촉이 올랐다.
소나무 숲에 잔설이 걷히자 봄을 알리듯 수선화가 동토를 뚫고 올라와
황량한 대지에 노란 꽃을 피워 놓았다. 100년이 훨씬 더 지난 고택을 휘감듯
피어난 수선화 무리는 역사의 흔적을 비추는 꽃등잔 같다.

100년의 세월이 깃든 유기방 가옥은 4월이면 수선화 정원으로 변신한다.

달빛 고요한 수선화 동산 여미마을

충남 서산 운산면의 여미 달빛예촌은 세상에 알려지지 않은 보물처럼 아름다운 마을이다. 조선 초기까지 거슬러 올라가는 오랜 역사를 간직한 마을로 이야기와 볼거리가 즐비하다. 그중에서도 단연 으뜸은 유기방 고택의 수선화 꽃밭이다.

수만 그루의 수선화가 일제히 꽃을 피우는 4월이면 세월의 흔적에 고즈넉해 보이던 고택이 노란 수선화에 물들어 화려한 정원으로 변신한다. 저녁 무렵 무쇠솥이 걸린 아궁이에 장작불을 지펴 놓고 훈훈한 불기운에 수선화 정원을 산책하는 기분이 아늑하다. 세월에 밀려 무너진 토담을 따라 고택의 사랑채로 이어지는 수선화 길은 걷는 것만으로도 몸과 마음에 안식을 느끼게 한다.

여미리 달빛 서산 팔경 중 최고

보름달이 중천에 떠오르면 여미 마을은 서산 팔경의 최고 경관을 선사한다. 여미(餘美)는 여월미야(餘月美也)를 줄인 말로 예로부터 달빛이 아름다운 마을로 기록하고 있다. 서산의 향토 문화지에 따르면 여미리에서 달을 보는 세 가지 포인트가 있어 3경이라고 부른다.

그 첫째는 전라영월(田螺映月)이라 해서 마을의 전라산 위로 솟아오르는 달과 마을의 경계를 이루는 용장천에 비친 달을 보는 것이다. 둘째는 모정와명(茅亭蛙鳴)으로 마을 앞 들녘에서 개구리 울음소리와 함께 중천의 달을 보는 것이요, 셋째는 석취유수(石醉流水)로 서당골 계곡에서 바라보는 달이라고 전해진다. 여미리의 달빛 3경은 조선 중기의 이 마을 출신 문장가인 서암 이진백과 '동창이 밝았느냐 노고지리 우지진다' 시조로 유명한 약천 남구만이 만나 시를 지으며 학문을 나눴던 서당골에서 유래되었을 것으로 추측된다.

지금은 사라진 모정(茅亭) 대신 야생 목련과 수선화, 작약 등 야생화가 군락을 이룬 여미달빛동산에 '망월정'을 지어 놓았다. 8월 한가위 날 누런 황금 들녘에 떠오르는 대보름달을 보는 것이 새로운 여미마을의 절경으로 손꼽힌다.

마을 갤러리와 마을 식당이 명물

여미마을 달빛만큼이나 아름다운 갤러리와 마을 식당이 있어 마을을 찾는 이들에게 달빛처럼 잔잔한 정을 선사한다. 마을의 입구에 다 쓰러져 가던 방앗간의 옛 모

모정이 사라진 자리에 세워진 망월정. 마을 앞 들녘으로 떠오르는 달을 감상하기에 좋다.

습을 현대적 감각으로 되살려낸 갤러리에는 연중 작품 전시회가 열려 농촌의 문화 코드를 새롭게 이끌고 있다. 마을부녀회가 주축이 되어 운영하고 있는 마을 식당인 '여미 디미방'에는 화학 조미료를 넣지 않고 직접 생산한 농산물로 만드는 토속 음식이 제공되어 지역의 명물로 사랑받고 있다.

2014년 4월호

INTERVIEW

조선희 여미 갤러리 & 카페 관장 겸 마을사무장

마을 갤러리는 도시와 농촌의 문화를 이어주는 통로

"내가 만든 것에 함께 기뻐하는 주민들이 농촌에 살게 하는 힘이 되는 것 같아요."

조선희 여미 갤러리 관장은 10년 전 마을 주민 교육을 위해 내려와 여미리와 인연을 맺어 5년 전부터는 아예 마을로 이사를 왔다. 홍익대학교를 나와 서울에서 디자인 사업을 하던 인재가 귀촌해 마을 입구에 갤러리를 담당하는 마을 사무장이 된 것.

"서울에서의 전쟁 같은 삶을 정리하고 농촌에서 새로운 문화 코드를 만들기 위해 노력 중"이라는 조 관장은 "갤러리가 주민들의 사랑방이자 도시와 농촌을 연결하는 문화의 통로가 되었으면 좋겠다"고 말했다.

"갤러리의 올해 작품 전시 계획이 모두 끝났어요. 주로 지역 작가를 발굴해 작품을 전시하고 팔기도 하지요. 전시회를 보기 위해 찾아오는 주민들과 인터넷을 보고 방문하는 도시민들도 많이 늘어 보람이 있어요."

"농촌 마을 빈터에 놓여 있는 컨테이너에 아름다운 색을 입히는 것이 꿈"이라는 조 관장은 "여미 갤러리를 잠시 둘러보고 가는 곳이 아니라 볼거리와 할거리, 먹을거리 등 창의적인 마을의 활력소를 찾아내고 실행하는 상상발전소로 만들고 싶다"고 말했다.

우리 마을 자원

{ 여미 갤러리 & 카페 }

차와 음악 그리고 미술이 있는 여미 갤러리는 10여 년간 방치되어 있던 마을 정미소 리모델링으로 탄생했다. 연중 작품이 전시되며, 농촌과 디자인과 관련한 다양한 서적을 갖추고 있어 북카페의 기능도 한다. 인터넷을 통해 홍보되면서 도시민의 발걸음이 늘어나고 있다.

{ 유기방 가옥 }

지은 지 100년이 넘은 고택으로 최근 텔레비전 드라마 '직장의 신'에 소개되면서 방문객이 부쩍 늘었다. 담장 주변에는 소나무와 수선화가 심어져 있다. 노란 수선화가 만개하는 4월에 가장 운치가 있다. 안채·행랑채·사랑채가 있다.

{ 여미 디미방 }

여미리 부녀회가 운영하는 향토 음식점이다. 삽주막걸리, 재래식 된장 등 잊혀 가는 여미리만의 고향의 맛을 보존하고, 방문객이 그 맛을 느낄 수 있도록 향토 음식을 개발해 제공하고 있다. 화학 조미료를 쓰지 않는 정직한 맛으로 명성을 얻으며 여미리의 대표적 브랜드로 자리 잡고 있다.

1. 여미 갤러리 & 카페. 2. 유기방 가옥.
3. 여미 디미방.

{ 전문가 진단 }

마을의 자원 개발과 활용 방향

01 마을의 무형 자원을 활용하라

여미 달빛예촌이라는 마을 이름에서 보듯이 달빛의 아름다움이 최고의 자원이다. 마을 투어나 민박·음식 등 체험 프로그램에 달빛을 소재로 한 테마 상품 개발이 필요하다. 여월미야의 옛이야기 자원을 살려내 현대적 감각으로 체험 상품에 접목한다면 훌륭한 테마 상품이 될 수 있다. 달빛 밝은 날에 고택의 정원에서 달을 본다든지, 달을 보기 위한 산책로를 뷰포인트별로 만들거나 달을 소재로 한 음식 체험 프로그램을 개발하면 여미마을만의 독특한 체험거리가 될 수 있다.

여미 갤러리의 토우 전시회.

02 고품질 체험 상품을 개발하라

마을의 인적 자원을 적극 활용하는 고품질 인성 프로그램을 운영하면 효과적이다. 마을사무장으로 활동 중인 디자인 전문가를 비롯해 미대 교수, 도예가 등 전문인력이 있고, 달빛 어린 고택과 역사적 이야깃거리가 충분해 창의성 개발을 촉진하는 전문적인 체험 프로그램 운영 기반을 갖췄다. 진로를 놓고 고민하는 청소년과 취미로 미술과 공예를 하려는 도시민 등을 대상으로 소규모 맞춤형 체험 상품을 운영한다면 효과적일 것이다.

03 마을 홍보에 주력하라

마을 사업의 활성화를 위한 체계적인 조직을 구성해야 한다. 사업체를 투명하게 경영하고 마을 사업에 관심 있는 주민들이 자유롭게 참여할 수 있도록 해 주민의 관심을 높여야 한다. 유기방 고택 등 다양한 마을의 자원을 효율적으로 활용할 수 있는 체험거리를 개발해 홍보를 강화해야 한다. 서울 수도권과 대전에서 1시간 거리에 있고 서해안 고속도로 서산 인터체인지에서 10분 거리에 있어 접근성이 탁월하다. 마을에 대한 정보를 잘 알리는 것만으로도 도시민들의 관심의 대상이 될 수 있는 마을이다.

전남 담양
창평슬로시티

돌담과 물길이 아름다운 마을

마을 구석구석을 돌아 나가는 물길을 따라 시간과 문화가 흐른다.
방문자 쉼터에 자동차를 주차하고 아스팔트 길을 100여m 걸어 만나는 창평슬로시티
삼지내마을. 현대와의 경계는 작은 도랑이다. 물이끼조차 정겨운 도랑을 따라
황톳길이 이어지고, 흙길을 따라 200년 역사를 간직한 돌담이 방문객을 과거로 안내한다.
3.6㎞의 돌담 너머로는 전통과 자연을 지키며 살아가는 사람들의 이야기가 가득하다.

전남 담양군 창평슬로시티(www.slowcp.com)의 물울림 소리를 들으며 돌담길을 걷다 보면, 마을의 꿈틀대는 전통문화가 오감을 자극한다. 2007년 아시아에서는 처음으로 슬로시티로 지정된 삼지내마을은 과감하게 삶의 방식을 바꿨다. 전통과 자연 속에서의 삶으로 돌아가기 위해 마을의 시멘트 포장을 걷어내고 흙길을 조성했다. 옛 선인들이 정한 물길을 집으로 냈던 도랑의 흔적을 찾아 복원했다.

256호의 한옥 마을 주민들은 1830년 지어진 남극루와 100년이 훨씬 넘어 전통 한옥으로서의 사료적 가치가 높은 고택들을 보존하고 있다. 수대에 걸쳐 고향을 지키는 이들은 마을 명인이 되어 전통 방식 그대로의 의식주를 고집하며 우리의 것을 지켜내고 있다.

마을 명인과 달팽이학당으로 전통계승

삼지내마을은 전통의 맥을 잇고 계승하기 위해 해마다 재능 경진대회를 통해 마을 명인을 발굴한다. 그리고 재능을 가진 주민들은 누구나 일일 교사가 되어 전통문화를 가르치는 달팽이학당을 운영하고 있다. 창평에 사는 주민들을 대상으로 전통 의식주를 복원하거나 개발해 경쟁을 통해 선발되는 마을명인은 현재 쌀엿과 한과, 전통장 등 국가 지정 명인 3명을 비롯해 24명이 활동하고 있다. 이들은 각자의 한옥에서 전통 의식주를 상품화해 달팽이가

1. 창평 슬로시티 삼지내마을은 고택 사이로 돌담장과 황톳길, 도랑이 어우러져 흐르는 독특한 정취가 일품이다.
2. 싸목싸목길 숲속에 세워진 황토방 도서관은 수려한 자연 속에서 선인의 정기를 받으며 책을 읽을 수 있어 명소로 이름이 높다.

게에서 판매하거나 체험 프로그램으로 제공해 소득을 올린다.
삼지내 슬로시티의 독특한 교육·관광 콘텐츠인 달팽이학당은 전통문화와 관련된 재능과 환경을 가진 주민들이 학당을 열어 전통 체험 프로그램을 진행하는 것이다. 민박과 밥상 교실, 체험 교실로 운영되는 달팽이학당은 마을 명인을 비롯해 주민들이 직접 운영하는 22개가 개설되어 있다.
달팽이학당에서는 100년 이상 된 고택에 머물며 다양한 건강 음식을 맛보고, 오랜 역사를 간직한 '창평쌀엿'과 다도를 체험할 수 있다. 몸에 좋은 약초밥상과 수제 막걸리, 오색 오미의 오방엿, 한지 공방과 수의 바느질 체험도 달팽이학당에서만 만날 수 있는 전통 체험이다.

1000년 공부방을 만나는 싸목싸목길

또 다른 특색은 자연 속에서 역사의 숨결을 만나는 싸목싸목길이다. 전라도 사투리로 '느리게 천천히'라는 의미의 싸목싸목길은 용운 저수지에서 천년 공부방 상월정으로 이어지는 10㎞의 산책로다. 과거를 보러 한양으로 향하던 선비들과 나무꾼이 다니던 옛길을 복원한 산책로 끝에는 수많은 인물을 배출한 상월정이 있다.
고려 시대부터 공부방이었던 상월정에는 한밤중에 불을 밝히고 글을 읽는데 호랑이가 나타나 어느 방문에 '턱!' 하고 발자국을 찍고 가면 그 방의 선비가 과거에 장원을 차지했다는 재미있는 이야기가 전해진다. 상월정은 1900년대 초 일본제국주의 치하에서 신문물을 받아들여 젊은 인재를 양성하기 위한 영학숙과 창흥의숙으로 발전해 고하 송진우, 가인 김병로, 인촌 김성수 등 인재를 배출했다.
월봉산 자락에 자리 잡은 상월정에 이르는 길은 아름다운 자연과 함께 부단한 노력과 인내로 학문을 닦은 선인들의 정신을 만날 수 있어 가족 방문객들이 아이들의 손을 잡고 오르는 인기 코스가 되었다.

2015년
1월호

고려시대부터 있었던 공부방으로 알려진 상월정으로 오르는 소나무숲 산책로 '싸목싸목길'.

INTERVIEW

정찬섭 창평슬로시티 운영위원장

인근 슬로시티와 연계 사업 추진

"창평슬로시티가 보조금 없이 홀로 설 수 있는 자생력을 갖추는 것이 최대 과제입니다."

정찬섭 운영위원장은 "방문객이 늘고 마을에 국가 명인이 3명이나 있어 점차 안정적인 수익 구조를 갖춰가고 있지만 상당수의 마을 명인과 달팽이학당은 아직 경영이 어려운 상태"라고 밝혔다.

창평슬로시티는 해마다 중앙 정부와 지자체로부터 보조금을 받아 마을 명인과 마을 해설가 양성, 슬로푸드 축제, 달팽이시장과 오일장 등 19개 사업을 펼쳐오고 있다.

"명인들의 물건을 진열해 판매하는 달팽이가게와 5~10%의 수수료만으로는 자생력 확보가 어렵다"는 정 위원장은 "농촌 체험 휴양마을 운영과 전남 지역 슬로시티와 협약을 맺고 메주 생산에 나서는 등 새로운 소득 사업을 계속 발굴해 나갈 계획"이라고 말했다.

{ 달팽이학당 소개 }

자연으로 요리하는 약초 밥상

현대인들은 건강을 위해 먹지 말아야 할 것은 많이 알지만 꼭 먹어야 할 것은 잘 알지 못한다. 그래서 건강을 잃는 사례가 많다. 약초 밥상을 차리는 최금옥 마을 명인은 산에서 직접 채취한 약초로 100가지의 다양한 장아찌를 담가 밥상을 차린다. 식품 허가를 받지 않아 제품으로 판매되지 않지만 약초 밥상 달팽이학당을 찾아 먹어보고, 담는 방법을 배우고, 소량을 사 갈 수는 있다.

약초 밥상에는 최 명인이 틈나면 산을 찾아 직접 캐고 채취한 두충·산초 등 약초 뿌리와 열매를 당절임과 감식초 발효액으로 요리한 36가지 약초 음식이 뷔페식으로 제공된다. 약초 밥상은 1인당 1만원으로 돈보다는 건강한 먹을거리를 전하는 것이 학당의 목표다.

건강을 잃고 치료 차 1994년 이 마을에 들어온 최 명인은 그동안 약초 음식 연구에만 전념해 산림자원연구소와 함께 280가지의 약초 음식과 발효 음식을 개발해 발표했다.

{ 상월정 }

조선 세조 때인 1457년 추제 김자수가 벼슬을 사임하고 고향인 담양으로 내려와 세운 정자이다. 삼지내마을의 남쪽 월봉산에 있으며 담양에서 유일하게 풍류 목적이 아닌 공부를 위해 세워진 정자이다. 일제강점기에는 상월정이 신학문을 배우는 영학숙으로, 창흥의숙으로 발전해 창평보통학교의 모태가 되었다.

전문가 진단

마을의 자기 안내 기법을 늘리자

삼지내마을 내의 안내판은 잘 갖춰져 있으나 주변 마을과 관광자원을 이어주는 안내판이 부족하다. 마을 해설가의 도움을 받아 마을을 둘러본 방문객이 인근 마을로 이동하거나 싸목싸목길로 갈 때면 적당한 안내판이 없어 스스로 찾아가기 어려운 상황이다. 자기 안내 기법은 농번기 등으로 일손이 부족할 때 마을 주민의 도움이 없이도 방문객이 스스로 정보를 읽거나 보거나 듣고 찾아갈 수 있는 방법으로 마을 안내 지도, 안내판, 해설 표지판 등을 더 설치할 필요가 있다.

마을 물길을 활용하자

마을의 대표적인 자원이 집집마다 대문 앞으로 흐르는 도랑이다. 돌담과 함께 쌍을 이뤄 마을을 형성하는 도랑이 있어 국내의 다른 전통 한옥 단지들과 차별화된다. 도랑의 형성 배경과 기능 등에 대한 자세한 조사와 더불어 돌담과 도랑을 하나로 묶어 마을의 상징물로 활용해 볼 가치가 있다. 특히 3곳의 물줄기가 만나는 곳이란 의미의 지명 유래로 볼 때도 도랑은 마을의 독특성을 부각시키는 자원이다. 도랑에 얽힌 이야기를 찾아내 소개 책자를 제작하고, 다양한 체험 상품을 구상할 수도 있다.

■ 100년 된 고택 민박 '한옥에서'

창평슬로시티의 역사적 배경이 되는 고씨 가문의 양대 명문가로 꼽히는 제봉 고경명 의병장의 후손이 사는 전통 한옥이다. 1910년대에 지어져 100년이 넘은 고택이다. 임진왜란 당시 선비로 의병을 일으켜 두 아들과 함께 순절하며 의병항쟁의 결정적 계기를 제공했던 고경명 장군의 '세독충정' 사본현판이 걸려 있다.

장작으로 불을 지핀 따끈한 구들방에서 정갈한 하룻밤을 보내며 주인장이 내주는 향 좋은 꽃차 한 잔을 마시면 한겨울의 추위도 저 멀리 사라진다. 동이 훤하게 튼 아침, 창문을 열고 월봉산에서 불어오는 신선한 바람을 맞으며 고색창연한 정원을 바라보는 감흥은 고택에서만 느낄 수 있는 특권이다.

한옥 호텔로 불려도 손색이 없는 깔끔한 객실의 사용료는 5만~15만 원으로 성수기와 주말에는 다르게 적용된다 (http://hanokeseo.namdominbak.go.kr).

충북 단양
대강면 방곡도깨비마을

도자기 활용, 예술 마을로 거듭난다

아름다운 경관과 흙, 재능을 가진 주민들이 어우러져 독특한 맛과 색을 만들어가는 마을이 있다. 충북 단양 '방곡도깨비마을(http://www.bgri.kr)'이다. 주민들은 마을의 자원과 각자의 재능을 조화롭게 활용해 마을의 미래를 가꿔가고 있다.

국립공원으로 지정된 소백산과 월악산의 아름다운 산세가 서로 만나 깊은 계곡을 이루는 방곡리는 예부터 물과 흙이 좋아 도예촌으로 이름이 높았다.
600년 전 조선 시대부터 생활 도자기의 가마터이자 경북 문경에서 생산한 도자기의 유통 경로였던 방곡리에는 지금도 옛 전통 가마터 흔적이 남아 보존되고 있다. 근대화를 겪으면서 양은그릇에 밀려 사라졌던 마을의 도자기 공예는 최근 다시 살아났다. 도시로 나갔던 이곳 출신 도공들이 돌아와 전통 장작 가마를 세우고 도자기를 굽기 시작하면서 제2의 전성기를 맞고 있는 것이다. 사기장 분야 명장인 서동규 선생을 비롯해 도예 작가와 가죽공예 작가가 도요와 공방을 운영하며 전통 방식으로 생활 도자기와 가죽 제품을 만들고 있다.
방곡도예촌이란 이름으로 마을이 알려지면서 도시민의 발길이 이어지자 마을 주민은 2009년부터 도농교류 사업을 준비했다. 단양군과 농협, 지역 대학과 주민들이 연계해 마을 가꾸기 사업을 펼쳐 마을의 특징적인 어메니티를 발견하고 활용하는 방안을 고민했다. 특히 주민들이 모여 '경제활력연구회'를 조직하고 전문가의 의견을 들으며 마을에 전해져 내려오는 이야기 속에서 도깨비를 찾아내 '방곡도깨비마을'로 마을 이름을 지었다. 2010년 녹색농촌체험마을과 2012년 농협의 팜스테이마을로 지정됐고, 마을 법인을 결성했다.

1. 한빛도요 서한기 장인이 직접 빚은 도자기의 품질을 살펴보고 있다. 2. 마을주민이 특산물인 오미자 덩굴을 관리하고 있다. 3. 장학이 장류체험 이사가 방문객에게 손수 담근 전통 된장에 대해 설명하고 있다.

손맛과 입맛과 감성으로 개성 창출

단양팔경의 아름다운 자연환경과 도

관광객이 잠시 쉴 수 있는 마을공원.

자기 만들기 체험, 마을의 특산물인 오미자를 활용한 식체험을 주요 체험거리로 제공해 2014년 한 해 동안 6000여 명의 도시민이 마을을 다녀가 7000만 원의 매출실적을 올렸다. 올해는 마을 펜션 2동을 준공해 도시민이 가족 단위로 쉬어갈 수 있는 공간을 마련해 주민들의 기대가 크다.

5㎞에 걸쳐 형성된 방곡마을에는 골골이 보배가 숨어 있다. 소백산 자락인 저수령 고갯길을 내려오는 계곡에는 건강 차의 원료인 오미자 농장이 펼쳐져있다.

삼막골에는 유기농 콩을 이용해 전통 방식으로 장을 담그는 '장 익는 마을'이 있다. 방곡삼거리 저잣거리 주변에는 도요와 도자기 전시장, 교육원이 들어서 있다. 방곡삼거리에서 마을 펜션을 지나 단양팔경 중 5경인 사인암으로 넘어가는 방곡계곡은 기암괴석이 즐비하고 경관이 수려하다.

방곡마을은 건강의 맛과 전통의 색 자원을 활용해 특색 있는 도농교류를 펼치기 위해 '산골소반'이라는 마을기업 상품과 브랜드를 개발해 마을사업을 준비하고 있다.
손맛과 입맛, 그리고 감성을 담아낼 산골소반으로 우선 마을에서 생산되는 다양한 농산물과 가공식품을 판매하는 사업을 시작할 계획이다. 2013년 지정받은 교육 농장도 마을 특산물인 오미자를 이용해 식물의 한살이와 차 가공 과정을 체험하는 워크북을 제작해 마을의 맛과 색을 교육하는 데 초점을 맞췄다. 또 방곡도예협회와 연계해 전통 장작 가마에서 도자기를 만들어 오미자차와 장류를 담그거나 먹어보는 체험을 운영해 고유의 맛과 색, 감성이 어우러지는 예술 마을을 꿈꾸고 있다.

2015년 6월호

INTERVIEW

지일환 방곡 도깨비마을 대표

"농산물을 도자기에 담으면 부가가치 높겠죠"

지일환 방곡도깨비마을 대표는 "우리 마을에서 생산하는 도자기에 농산물을 담아 파는 마을 기업을 만들고 싶다"면서 "산촌이지만 다양한 농산물을 생산하고 있고 품질 좋은 고랭지 농산물을 생산하고 있어 직거래에도 안성맞춤"이라고 말했다.
방곡마을은 2013년에 행자부의 마을 기업 사업을 유치해 3년째 준비하고 있다. 마을에서 생산하는 농산물과 도자기, 가죽공예품을 융합해 부가가치를 높여 직거래하는 방안을 고안 중이다.
"생활 도자기는 그 안에 담을 안전한 먹을거리가 있을 때 그 가치가 더욱 빛나는 법"이라는 지 대표는 "방곡마을에는 오미자와 장류, 산나물 장아찌 등 최고 품질 농특산물을 생산하므로 마을기업 전망이 매우 밝다"고 강조했다.

우리 마을 자원

{ 1맛 — 방곡마을 특산물 '오미자' }

해발 400~700m 고지대에서 생산되는 오미자는 국내 최고의 품질을 자랑한다. 마을의 대표적인 특산물인 오미자를 한약재로 팔기도 하지만 농가마다 효소를 만들어 판매한다. 방곡마을에서는 오미자를 이용해 붉은 색의 건강 차를 비롯해 오미자 수확 체험, 오미자 청과 떡 만들기 등 오미자를 이용한 체험과 식단, 가공식품을 만들어 체험객에게 제공하고 있다.

{ 2맛 — 전통장류 '장 익는 마을' }

장학이 씨는 1997년부터 전통 방식으로 장을 담가 생활협동조합을 통해 판매하고 있다. 농업인과 계약 재배를 통해 친환경 콩만으로 항아리에 장을 담근다. 방곡리 화강암 지대에서 용출되는 맑은 물과 소백산 자락의 깨끗한 환경에서 담은 장류는 800여개 항아리에서 1년간 숙성하고 나서 판매한다. '장익는 마을'은 장류 체험 프로그램을 운영하고 있으며, 마을은 '산골소반' 마을기업을 통해 전통 장류를 판매할 계획이다.

{ 3맛 — 그림 도자기 만들기 '한빛도요' }

마을에는 한빛도요를 비롯해 7개 도요가 운영되고 있다. 도요마다 도자기 체험을 운영하지만 가족 단위는 개별 도요와 방곡도예협회가 운영하는 교육원에서, 학생 중심의 단체는 체험 프로그램을 운영하는 마을에서 담당한다. 마을과 방곡도예협회가 역할을 분담하며 도농교류 사업에 기여하고 있다. 가족단위 체험객은 도자기 제조의 모든 과정을 체험할 수있다. 단체는 한빛도요에서 전통 도자기 해설을 듣고 마을 체험장으로 이동해 미리 1차 초벌구이를 해놓은 도자기에 자신만의 그림을 그려 넣는 '그림도자기 만들기 체험'을 한다. 다시 한 번 가마에 구워내므로 완성품은 1개월 뒤에 가정으로 전달된다.

1. 방곡도깨비마을에는 오미자 등 고랭지 농산물과 전통 장류, 도자기, 가죽공예 등 다양한 농산물과 공예품이 생산되고 있다.
2. 600년 전통의 방곡도예촌에는 전통 도자기 제조 방법을 소개하는 전시관이 있다.

{ 전문가 진단 }

마을 기념품 개발과 관리하기

마을을 방문하는 사람들이 뭔가 손에 들고 돌아갈 수 있는 특색 있는 기념품을 만드는 노력이 필요하다. 아름다운 경관이나 감성이 있는 농촌을 경험하고 그 감동과 기억을 간직할 의미 있는 기념품은 농가소득은 물론 마을이미지를 오래 기억하게 하는 데도 효과적이다. 방곡마을에서 만들고 있는 '산골소반'은 마을의 농특산물을 도자기라는 마을의 공예품에 담아 품격을 높였다는데 의미가 있다. 농촌마을의 기념품은 마을의 이미지를 담은 실체와 의미, 인지 요소를 고루 갖추고 있을 때 성공할 수 있다.

01 좋은 농산물(실체)을 갖고 있어야 한다

농산물만으로는 차별화하기 어렵다. 특정 지역에서만 생산되는 작물이라면 그 자체로서 가치가 있다. 그러나 어디서나 생산되는 작물이라면 가공하거나 지역적·환경적·역사적 특징을 살려내 독특한 의미를 가질 수 있도록 브랜드 전략을 마련해야 한다. 방곡마을의 특산품인 오미자, 전통 장류 등 농산물과 가공식품은 소백산과 월악산의 청정 지역에서 생산된 지리적·환경적 장점을 부각시켜야 한다.

02 농업 이외의 마을 자원(의미)과 융합하라

농업의 차별화는 6차 산업화가 대표적이다. 농업과 가공, 서비스업을 융합하는 과정을 통해 의미성을 높이는 방법이다. 최근에는 농업과 가공적 요소에 오락·관광·예술·축제 등을 접목해 가치를 높이는 사례가 많다. 충북 영동의 농가형 와이너리, 강원 화천 토마토축제, 전북 임실치즈마을 등이 대표적이다. 방곡마을의 경우 도자기와 오미자·아로니아·장류 등 농특산물과 마을의 전통 공예를 연계하는 브랜드 전략이 적합해 보인다. 숨 쉬는 도자기에 마늘이나 아로니아 고추장, 오미자 효소를 담아 고급화 전략을 추진하는 방안도 고려할 수 있다.

03 마을기념품의 브랜드 역량(인지도)을 높여라

마을기념품 브랜드는 소비자 인지도를 높일 때 그 힘을 발휘한다. 이를 위해서는 품질·판매(마케팅)·홍보의 3요소가 보완적인 관계를 이뤄야 한다. 우선은 마을의 주요 산업인 농업과 도자기 공예가 별개의 산업이 아니라 융합 가능한 마을 산업이라는 주민의 인식이 필요하다. 아울러 행정과 지원 체계도 두 산업을 융합해 시너지를 내려는 노력이 있어야 한다. 단양은 연간 1000만 명의 관광객이 다녀가는 국내 최대 관광지이다. 관광객이 유명 관광지를 둘러보고 농촌마을을 다녀갈 수 있도록 행정적 지원과 함께 마을의 특산품을 관광기념품으로 활용하려는 민관의 노력이 요구된다.

전남 담양
대덕면 달빛무월마을

한옥과 달빛 정취를 팔아 보자

마을의 동쪽 망월봉에 차오르는 달을 바라보면 시름을 잊을 만큼 아름답다 하여 이름 붙여진 무월마을. 대나무의 고장 전남 담양에 있는 무월마을은 마을 사업이 시작되기 전에는 금산리라는 행정명으로 더 익숙했다. 그러나 2009년 인근 마을보다 다소 늦었지만 마을 주민들이 중심이 되어 '행복마을' 사업을 시작한 이후 '달빛무월마을'이라는 옛 이름과 명성을 되찾았다.

보름달이 곡식 여무는 들을 지나 산봉우리 사이로 지는 모습이 토끼가 달을 품은 듯하다는 말이 전해올 정도로 달맞이 풍경이 뛰어난 전남 담양 무월마을(http://moowol.kr). 고려 말부터 마을이 전해 내려올 만큼 역사도 깊다. 이같이 유서 깊은 마을의 사람들이 마을 사업을 위해 머리를 맞댔다. 고민을 거듭하던 주민들은 무월리라는 옛 지명을 되살리기로 결정하고 여기에 마을 경관 조성의 초점을 맞췄다. 특히 국내 최고의 전통 민간 정원인 소쇄원이 인근에 있어 자연과 전통적 정서에 익숙한 마을 사람들은 '한옥'을 통한 경관 회복에 마을의 미래를 걸었다.

전통 경관의 회복을 마을 테마로 선정

2009년 전남도의 '행복마을' 사업에 선정된 무월마을은 1970년대 새마을사업으로 생긴 콘크리트 건물을 헐어내고 한옥 15채를 지었다. 전통미를 살린 한옥에는 현대식 시설의 별채를 꾸며 민박을 할 수 있도록 구성해 농가의 수익 사업도 염두에 뒀다.

1. 푸른 논 위에 세워진 달빛무월마을의 상징인 초승달이 방문객에게 달빛 감성을 전해준다. 2. 마을 정자 무월정.

한옥이 마을에 들어서면서 경관의 아름다움에 눈을 뜬 주민들은 십시일반으로 마을기금을 조성해 1650㎡의 마을 땅을 구입하고 전통문화 공간을 조성했다. 남녀노소를 불문하고 마을 주민 모두가 참여하는 울력으로 달빛문화관과 한옥체험관을 준공했다. 한옥과 어울리는 마을을 조성하기 위해 좁은 길은 넓히고 오래된 시멘트 담장을 헐어내고 돌담으로 복원했다.

이제는 한옥과 함께 마을의 대표적인 문화 상품이 된 2.5km의 무월마을 돌담은 높낮이가 다르고 민가를 따라 구불구불 이어지는 서민적 향기를 풍기며 마을의 풍취를 더한다. 마을 주민들이 손수 쌓아 올린 것이어서 투박하면서도 정성이 깃들어져 있다. 무엇보다 지금도 계속 새로운 돌담이 주민들 손에 의해 쌓이고 있다.

세 개의 우물을 따라 마을길 조성

돌담을 따라 마을 산책에 나서면 마을 주민들의 정서와 삶이 고스란히 다가온다. 돌담이 이어지고 끊어지는 지점에는 빛바랜 대문과 문패들이 걸려 정겨움이 묻어난다. 마을 뒷산인 금산의 경사면에 조성된 돌담길을 오르다 힘들만 하면 만나는 우물은 숨은 매력이다.

마을 정자인 무월정에서 50m 남짓 돌담길을 지나면 첫 우물 중뜸샘이 나타난다. 마을의 중심에 있어 사랑방 역할을 했던 중뜸샘에는 디딜 방앗간이 잘 보전되어 있어 보는 재미가 쏠쏠하다. 마을이 생긴 이후 끊어진 적이 없는 중뜸샘을 지나 가팔라진 마을길을 오르면 비리(돌)샘이 나오고, 달빛을 감상하는 전망대에 이른다. 마을 전경이 훤히 내려다보이는 전망대에서 잠시 숨을 고르고 내려오는 길에는 마을의 세 번째 우물인 골몰샘을 만난다. 뼈에 이롭다는 의미를 담고 있는 골몰샘 부근에는 도예 공방과 도자기 가마가 있어 마을의 문화공간이기도 하다.

개발보다는 보존이 마을의 '관심사'

달빛전망대에서 시작되는 달맞이 산책길은 자연과 교감하는 길이다. 생태계보존구역으로 지정된 금산 기슭을 1.4km 남짓 걸으며 대나무와 소나무 숲, 차밭 등 다양한 산림 생태를 경험할 수 있다. 이 길에서 아이들과는 명상과 문화 체험도 이뤄진다.

자연 그대로의 삶을 추구하는 무월마을은 급격한 개발보다는 농촌 경관과 전통문화를 유지하는 데 더 많은 관심을 기울이고 있다. 마을이 알려지면서 방문객이 한

해 3만 명을 넘어섰고, 마을 주민도 25가구에서 47가구로 계속 늘지만 마을 경관과 어울리지 않은 건물을 짓는 것은 허락되지 않는다. 주민들의 동의를 얻어 기존의 건물을 한옥으로 개축하는 것을 제외한 건물의 신축을 마을조례로 금지하고 있다. 외지 자본이 유입되어 난개발로 전통과 경관을 잃기보다는 조금 느리지만 고향의 정서를 담은 시골의 정취를 간직하기로 마을이 뜻을 모았기 때문이다.

마을의 오랜 우물인 중뜸샘.

2015년 8월호

INTERVIEW

송일근 체험휴양마을 위원장

"마을 이미지에 맞는 열두 개 축제로 농가소득 기대"

"마을의 경관과 자연환경을 이용한 시골의 작은 축제를 열어 마을의 소득과 연계시키겠다."

'마을 이미지가 가장 큰 자원'이라는 전남 담양 달빛무월마을 송일근 체험휴양마을 위원장은 "한옥과 돌담, 아름다운 달맞이 등 경관 자원을 지속적으로 개발하고 보존하는 것이 달빛무월마을의 최대 경쟁력"이라고 강조했다.

달빛무월마을은 1월 창작 연날리기 대회, 4월 꽃피는 달빛음악회, 6월 숲 속 상상놀이, 8월 대숲예술제 등 연중 매월 열두 개의 작은 시골 축제를 만들어 문화 체험 상품으로 방문객에게 제공해 좋은 반응을 얻고 있다.

"아직은 초기라 개선할 부분이 많다"는 송 위원장은 "고향 같은 푸근한 이미지와 전통문화를 살린 축제 콘텐츠를 개발하고 체험과 숙박, 특산물 판매가 어우러지는 6차 산업화를 추구해 마을의 일자리와 소득 기반을 갖춰나갈 계획"이라고 말했다.

우리 마을 자원

{ 토우 만들기 }

무월마을은 흙이 좋아 예전부터 도자기 공예가 발달했다. 지금도 마을에 나무 가마가 운영되고 있다. 토우는 논흙을 그대로 사용해 사물의 모양을 빚어내는 것으로 아이들과 가족 단위 체험으로 인기다. 제작 과정에 흙의 종류와 쓰임새를 설명하는 시간이 었어 교육적 효과도 높다.

{ 무월 한옥 민박 }

달빛무월마을에는 마을에서 운영하는 한옥체험관을 비롯해 20여 채의 한옥 민박집이 있다. 한옥체험관은 최대 30여 명이 이용할 수 있고 마을 주민들이 운영하는 민박집은 4인 이하의 가족 단위 민박만 가능하다. 민박 이용 금액은 연중 5만 원으로 일정하다. 연락처 061-381-1607

{ 2015 담양 세계 대나무 박람회 }

대나무의 고장 담양군은 오는 9월 17일~10월 31일까지 죽녹원 일원에서 세계 대나무 박람회를 개최한다. '대숲에서 찾은 녹색의 미래'라는 주제로 열리는 박람회는 대나무를 소재로 한 문화, 예술, 관광, 환경적 가치를 소개한다. 50일간 국내외 관광객 90만 명이 다녀갈 것으로 기대하고 있다.

달빛무월 한옥 체험관.

{ 전문가 진단 }

농촌마을 경관 활용하기

농촌경관은 자연을 배경으로 농촌의 생활과 영농·역사·문화 경관이 한데 어우러져 지역의 특이성을 발현시키는 것을 의미한다. 산과 하천 등 아름다운 자연환경을 비롯해 영농이 이뤄지는 경작지나 농업 시설, 독특한 건축물과 가로수, 역사 · 문화 자원이 농촌경관을 구성하는 주요 요소다. 무월마을의 경우 생태계가 잘 보전된 금산과 오랜 세월 전해 내려오는 달빛 감성, 주민들이 스스로 선택해 만든 한옥과 돌담이 어우러져 독특한 경관을 만들고 있다.

01 마을의 경관 계획을 세우자

어디나 비슷비슷한 농촌의 모습을 가장 효과적으로 특징짓는 것이 마을 경관이다. '같은 값이면 다홍치마'라 할 만큼 아름다운 경관은 사람들의 감성을 자극한다. 제주도의 밭담, 전북 고창의 청보리밭, 충남 아산 외암마을의 돌담길 등 아름다운 경관을 통해 유명세를 타는 마을은 전국에 많다. 마을의 경관 요소를 살펴보고 개발의 초기 단계부터 경관 계획을 세워 지속적으로 추진하는 노력이 필요하다. 경관 계획은 목표와 방향 설정 → 마을 경관 환경 분석 → 기본 경관 구상 → 경관 관리 및 활용 계획 수립 → 실행 순으로 진행된다.

02 마을의 경관 거점을 선정하자

경관 거점은 마을의 경관 관리나 형성을 통해 주민과 방문객의 활동이 집중적으로 이뤄지는 잠재력을 갖춘 공간이다. 경관 거점을 선정하기 위해서는 마을의 중요한 경관 자원을 찾아보고 평가를 통해 활용 가능성에 대한 긍정적인 부분과 부정적인 부분을 파악하고 마을 지도에 표시하는 경관 지도를 작성해 보는 것이 효과적이다. 경관 지도에서 긍정적인 평가를 받은 경관 자원을 골라 마을 경관 기본 구상을 만들고, 관리와 개발을 통해 우선적으로 활용할 필요가 있다. 긍정자원이 자연일 경우 조망이나 접근로를 확보하고, 역사나 생활, 주거 자원일 경우 활용 방안과 아울러 시각적인 효과를 높이기 위해 색채와 디자인이 요구된다.

03 경관조례를 만들자

마을 경관의 조성은 주민들의 공동의식 공유가 절대적이다. 경관을 조성하려면 달빛무월마을처럼 마을의 주거 형태나 담장을 정비하거나 신규 건축물의 형태와 색깔 등을 규제하는 일부 제약이 따르기도 한다. 나무를 심고 산책로를 조성하는 등의 노력이 있어야 하고, 주민들의 합의가 필수적이다. 합의를 이룬 부분에 대해서는 마을의 경관조례를 만들거나 마을규약에 경관 조항을 명문화해 지속적으로 추진될 수 있도록 하는 것이 중요하다.

전남 완도
청산도 슬로시티

주민이 만들어가는 아름다운 섬

청산도는 아시아에서 가장 먼저 슬로시티 승인을 받은 곳이다.
슬로시티로 선정되면서 청산도에는 연간 30만 명의 관광객이 다녀가며
관광 명소로 유명세를 타고 있다. 봄철이면 제주도 다음으로 만발한 유채꽃이
섬의 정취와 어우러지면서 가고 싶은 섬으로 손꼽힌다.

수도권에서 400㎞ 이상 떨어진 남해안 작은 섬, 전남 완도 청산도에 사람들이 몰려드는 이유는 영화에 소개된 아름다운 풍광 때문이다. 임권택 감독의 '서편제'에서 주인공이 진도아리랑을 부르며 지나가는 황톳길과 어우러진 돌담이 청산도의 이미지를 잘 말해준다. 봄철 슬로길 걷기 축제가 열리는 4월이면 유채꽃 만발한 섬의 해안 산책로를 걸으려는 사람들이 인산인해를 이룬다.

서편제 영화를 시작으로 '해신' '봄의 왈츠' 등 5편의 영화와 드라마의 주요 무대가 된 청산도는 영상 관광지로 사람들의 관심을 뜨겁게 받고 있다. 여기에 남해안 섬마을의 정취와 비교적 잘 보전된 '구들장논'으로 불리는 청산도만의 농업 경관이 어우러져 슬로시티로 지정되면서 관광 활성화의 계기를 만들었다.

섬마을 모습을 간직한 슬로 100리 길

1970년대 고등어 파시로 어시장이 크게 열렸던 청산도는 파시가 사라지면서 경제적인 어려움을 겪었다. 섬 주민은 경제회생을 위해 자발적인 기금을 조성하고 중단 위기에 몰린 여객선을 사들여 청산농협에 운영을 맡겼다. 청산농협은 여객선을 현대화해 700명 승선 규모의 카페리 여객선 3척을 운영하며 관광객의 발 역할을 톡톡히

1.청산도 관광의 백미 서편제 길에 유채꽃이 활짝 피면 관광객은 봄의 매력에 흠뻑 젖는다. 2.청산도 주변에서 채취한 조개껍데기로 주민들이 직접 만든 수공예품을 판매한다. 3.느린 섬 여행학교, (사)슬로시티 청산도에서 운영하는 펜션이다. 문을 닫은 학교 건물을 리모델링해 슬로푸드체험관(식당)과 숙박시설, 체험장으로 꾸몄다. 100명까지 수용이 가능하며 인근에 구들장논 체험장이 있다.

해내고 있다.

때마침 서편제 영화가 113만 관객을 동원하는 큰 성공을 거두면서 섬이 알려져 관광객이 늘어나자 관광지 개발을 위한 주민들의 노력도 본격화됐다. 주민들은 청산도개발위원회를 구성해 2007년 '가고 싶은 섬' 국책사업에 참여했고, 150억 원의 사업자금을 받아 도로와 항구 개선 등 관광을 위한 기반시설을 확보했다.

청산도의 가장 큰 매력물인 서편제길을 비롯해 영화와 드라마 촬영지를 발굴해 복원하는 사업도 시작했다. 아울러 섬 마을 사람들이 해산물과 농산물을 옮기던 마을의 옛길을 찾아내 청산도 슬로 100리(42.195㎞) 길을 복원했다. 슬로길을 따라 만나는 마을마다 특성을 살려 지역의 관광 매력물로 개발해 지역경제의 회생을 꿈꾸고 있다.

주민들의 삶의 애환과 아름다운 경관을 품은 청산도 슬로길은 11코스로 구성되어 있다. 섬에서는 좀처럼 보기 어려운 고인돌, 세계중요농업유산에 등재된 구들장논이 그림같이 펼쳐진 다랭이길, 남해의 해안 절경을 자랑하는 범바위길, 상서리의 돌담길, 일출이 장관인 성산포보리마당 등 섬과 농업의 조화로운 경관을 걸으며 즐길 수 있다.

슬로길 주변 마을의 사업 참여 기대

슬로길을 따라 만나는 매력물 주변과 마을에서는 특산물 장터가 형성돼 지역주민의 적지 않은 소득원이 된다. 청산도 슬로길의 백미(白米)인 서편제길에는 당리 부녀회에서 운영하는 '서편제 주막'이 있어 지역특산물인 방풍을 넣어 만든 전과 막걸리를 판매한다.

봄의 왈츠 세트장에는 주민들이 만든 조개 공예품 판매장이 있고, 층층이 쌓아 올린 소담한 옛 돌담장이 구불구불 이어지는 상서마을에는 특산물 판매장이 들어서 있다. 폐교를 다목적 복합시설로 개조한 슬로시티 운영위원회가 있는 느린 섬 여행학교

청산도 슬로푸드

에서는 '슬로식단'을 비롯해 조개 공예 체험과 휘리 체험, 숙박 시설을 제공하고 있다. 하지만 관광객이 자주 찾는 주요 매력물들이 항구에 인접한 1코스에 집중돼 있어 관광객을 섬의 내륙으로 끌어들이지 못하는 어려움은 아직 남아 있다.

2016년 5월호

INTERVIEW

지복남 청산농협 전 조합장

청산도 농특산품 판매하는 로컬푸드 직매장 추진

"배는 섬 주민의 발이자 관광객 유입의 통로입니다. 좀 더 편하고 안전하게 들어올 수 있도록 1000t급 대형 카페리로 현대화 할 계획입니다."

완도에서 청산도까지 카페리를 운항하는 청산농협의 지복남 전 조합장은 "처음 100t급으로 시작한 여객선 사업이 관광객 증가로 빠르게 성장했다"고 말했다. 청산농협은 25년 전 농수산물 운반을 위한 철부선 사업을 시작해 현재는 700t급 카페리 3척을 독점 운영하고 있다.

지 전 조합장은 "승객이 늘어 안전한 현대식 시설을 갖춘 대형 카페리가 필요해 970t급의 배를 새로 건조 중"이라며 "관광객이 섬에서 사갈 수 있는 농특산물 기념품을 판매해 관광 수익이 지역주민에게 돌아갈 수 있도록 할 생각"이라고 말했다.

"관광객 수에 비해 섬을 나갈 때 사갈 기념품이 다양하지 못한 것이 현실"이라는 지 전 조합장은 "지역주민이 생산한 농수산물을 소포장해 판매하는 로컬푸드 직매장 운영을 추진하겠다"고 밝혔다.

우리 마을 자원

{ 서편제 길 }

국내 최초로 100만 관객을 동원한 임권택 감독의 영화 '서편제' 촬영지이다. 영화의 명장면으로 꼽히는 유봉과 송화, 동호 세 사람이 진도아리랑을 부르며 춤을 추던 황톳길이 있다. 나지막한 돌담길, 푸른 산과 맑은 바다가 어우러져 인상적인 경관을 만들어낸다. '청산도 슬로 걷기축제'가 열리는 4월에는 주변에 유채가 만발해 장관을 이룬다. 인기 드라마였던 '여인의 향기'와 '봄의 왈츠' 촬영 세트장도 주변에 있다.

{ 세계농업유산 '구들장논' }

우리나라의 전통 주택 난방 기술인 온돌에서 사용하는 구들장 구조를 논에 적용시켜 적은 물로도 논농사를 짓도록 한 인공 논이다. 청산도의 구들장논은 2014년 국제연합세계농업기구(FAO)에 세계중요농업유산으로 등재됐다. 논의 가장 바닥에 크고 작은 돌로 하부 석축을 쌓고 판석 형태의 돌, 즉 구들을 올려놓아 물길을 만들었다. 그 위에 물 빠짐을 방지하려고 진흙을 올리고 맨 위에 작물을 심는 양질의 흙으로 마무리했다.

한 걸음 더 들어가기

영상관광(Film induced tourism) 도입하기

영상관광은 영화나 드라마의 촬영지를 방문해 세트장이나 영상에서 소개된 유명 장소를 직접 둘러보고 체험하는 관광 형태를 말한다. 영상물을 시청하는 수단이 다양화되면서 영화나 드라마가 흥행하면 촬영지가 순식간에 관광객이 몰려들어 관광 명소로 떠오르는 사례가 종종 있다. 일본에서 인기를 누린 '겨울연가'에 등장했던 남이섬이 대표적으로, 이후 연간 외국인 100만 명이 다녀가는 관광 명소가 됐다.

임권택 감독의 영화 '서편제'의 흥행 이후 관광 명소로 부각된 청산도도 마찬가지다. 청산도는 '봄의 왈츠' 등 5편의 드라마와 영화가 연속 촬영된 덕분에 연간 30만 명의 관광객이 찾는 곳으로 변신했다. 하지만 영상관광의 효과는 관광객의 기억 속에 고유한 지역 이미지를 심어주지 못하면 일시적인 효과에 그쳐 쉽게 잊히기도 한다. 반면에 지역 실정에 맞는 특색 있는 관광상품을 개발하면 지역경제를 바꿀 수 있는 기회로 활용할 수 있다. 영화 '반지의 제왕'의 주 무대가 되었던 뉴질랜드는 2만 개의 일자리를 창출하고, 171만 명이던 관광객이 300만 명까지 늘어난 사례도 있다. 영화관광이 지역경제 활성화에 이바지하는 관광 명소로 남으려면 지자체와 지역 민간기업, 지역사회가 함께 참여하는 체계적인 지역 관광 전략의 마련이 꼭 필요하다.

1. 관광상품으로서의 세트장을 구상하라

영상관광의 파급 효과가 학습되면서 지자체를 중심으로 지역별 영상위원회(FC, film commission)를 구성해 영화의 초기 기획 단계부터 정보와 투자를 제공하는 사례들이 늘고 있다. 영화 촬영 이후에도 관광자원으로 활용할 수 있도록 사전에 계획하고 지역경관과 환경에 맞는 세트장을 구상하는 등 적극적인 참여를 하기 위해서다.

2. 지역 기반의 문화상품을 개발하라

영화나 드라마를 바탕으로 만들어진 이미지를 지역 특성에 맞는 문화상품으로 확산시켜야 관광 명소로 오래 남을 수 있다. 영화와 연관된 이벤트와 축제를 개최해 체계적인 마케팅 활동을 지속적으로 전개해야 한다. 장기적으로는 촬영지를 단순한 구경거리로 두기보다는 주변 환경과 관련지어 이야기(테마)가 있는 관광지로 개발해 고유한 지역 이미지를 구축해야 한다.

3. 지역주민의 참여 방안을 강구하라

관광산업은 많은 일자리를 창출할 수 있는 장점이 있다. 하지만 민간 기업에 의존하면 수익이 지역사회에 돌아가지 못하는 경우가 많다. 관광지 개발의 초기부터 지역주민의 참여가 가능한 방법으로 계획돼야 한다. 민박과 마을 펜션 활용, 농특산물 판매장 개설, 기념품 개발과 전통문화 체험 등을 통해 지역경제 활성화에 이바지할 수 있도록 해야 한다.

강원 홍천
내촌면 향기나는 서곡마을

자연과 인문학이 숨 쉬는 예술촌

"비위를 주물러서 만물상 빚어내고, 나무들 키워 올려 속살까지 비추자. 길손들 내려다보다 혼이 빠져나가게." 내설악의 숨은 비경을 간직한 내촌천의 아름다움을 노래한 '덕탄 48영' 가운데 '덕탄 출렁다리'란 시의 한 구절이다. 이 같은 비경과 시를 잉태한 '향기나는 서곡마을'에는 도시민의 발길이 이어진다.

백두대간의 중심 격인 설악산 자락이 내륙으로 빠져나와 숨을 돌리는 곳. 거칠게 달려온 설악의 웅장한 비경이 잠시 휴식을 취하듯 잔잔한 아름다움을 빚어내며 자연의 향을 담은 강원 홍천 내촌면 '향기나는 서곡마을'에 짙은 문인의 향이 피어난다. 예전에는 골이 깊고 교통이 불편해 사람의 왕래가 뜸했지만, 이제는 사람들로 붐비는 곳이 됐다. 숨겨진 비경과 사람 살기에 가장 좋은 해발 400m의 청정 자연환경이 알려지면서 귀농·귀촌민이 찾아와 마을에 정착했다.
한때 풋고추 주산지로 명성을 얻었을 때는 하얀 비닐하우스가 마을의 상징이었지만, 요즘은 여기저기 그림 같은 펜션이 들어서며 마을 모습도 많이 바뀌고 있다. 거주하는 사람 중 귀농·귀촌민이 절반을 훌쩍 넘어선 마을도 많다.

추억의 공간 엮은 이야기골프길

농사에만 전념하던 때와 달리 도시민의 시선으로 마을을 보고, 마을의 자원을 찾아내 함께 누리려는 모습도 흔하게 보인다. '이야기골프길' 탄생도 그렇다. 어려서부터 동네에 살아온 사람들에게 내촌천은 멱을 감던 추억과 소풍의 즐거움을 간직한 곳이다. 이따금 농사를 짓다가도 생각나면 들러보던 곳, 한 해에 한두 번씩 마을 주민이 모여 천렵을 하던 추억의 장소다.
하지만 도시에 살다 마을로 이사를 온 이들에게 비친 내촌천은 감탄과 감동의 공간이다. 땀 흘리며 농사짓는 마을 주민의 농장을 지나쳐 산책을 나설 때면 미안하면서도 안 보면 아쉽고, 다시 오고 싶어 발길이

1. 원주민과 귀농·귀촌인이 함께 만든 마을둘레길 '이야기 골프길' 출발점인 가족공원. 2. 덕탄 시화공원에서 주민들이 자신이 직접 창작한 시 앞에 서 있다.

옮겨지는 감성 공간으로 변했다. 맑은 물 위로 솟아난 하얀 바위의 모습이 금강산의 만물상을 닮은 듯한 덕탄은 내촌천 길에서 가장 많이 찾는 곳이다.
수두룩한 매력을 품은 내촌천 둑길은 주민의 발길이 잦아지며 이야기골프길로 재탄생했다. 길을 걷다 만나는 주민들은 서로 안부를 묻고, 시간 나면 간단한 농사일도 도와준다. 이 길은 도시와 농촌의 틈을 메우는 정겨운 산책로가 됐다.
산책로에 나무를 심고 주민의 이름표를 달며 새록새록 살아나는 추억을 따라 자연 속에 묻혔던 강기슭의 벼랑길도 서서히 되살아났다. 강가의 돌 하나, 나무 하나에 얽힌 수많은 사연이 실타래처럼 풀어지며 4코스의 골프길이 자연스레 만들어졌다. 8.3㎞의 이야기골프길은 18개의 독특한 자연과 이야기로 서로 연결돼 있다.

시와 음악의 예향 나는 문화마을 꿈꿔

예전엔 화전민이 살았던 골짜기까지 주민들의 아련한 기억 속에 남아 있던 삶의 공간이 세상을 향해 다시 문을 열고 있다. 농사일에 바빠서 잊고 살았던 마을 주민도 자신들의 이야기를 찾아내고 들려주며 14명의 이야기꾼으로 변모했다. 명함도 새로 만들었다. 'OOO농장 대표' 대신 'OOO 이야기꾼'이란 독특한 직함을 달았다.
삶에 겨워 숨겨놓았던 추억의 보따리를 풀어놓자, 주민 모두가 시인이 됐다. 농사를 짓다가도, 산책을 하다가도, 밤하늘의 별을 보다가도 한 편의 시를 적었다. 주민들이 함께 지은 시는 덕탄 숲에 전시돼 자연과 하나가 됐다. 시로 시작한 주민들의 예술혼은 제1회 '가족공원 음악회'로 발전해 이젠 마을뮤지컬을 꿈꾸고 있다. 이제는 원주민과 귀농·귀촌민이 따로 없다. 각자 가진 삶의 경험과 관계를 살려내 마을을 함께 누리며 살아가는 데 지혜를 모으고 있다.
추억의 공간, 이야기의 공간, 시와 음악의 공간인 내촌천의 보물 덕탄은 이제 주민들의 협력 공간이자 미래 공간으로 변모하고 있다. 마을 이름대로 사람 향기, 마을 향기, 자연 향기가 있는 마을로의 꿈을 실현해가고 있다.

1. 20명의 주민이 덕탄을 노래한 시를 모아 시화집 '덕탄의 노래'를 발간했다. 2. 향기나는 서곡마을은 주민 참여를 위해 산책로에 주민마다 자신의 나무를 심고 이름표를 달았다.

2016년 6월호

INTERVIEW

박석희 경기대 명예교수

관광개발학자, 자연을 노래하는 시조 시인 되다

"마을로 온 지 벌써 10년이 흘렀습니다. 마을의 구석구석을 돌아보며 아름다움에 흠뻑 취해 평소 좋아하던 시조를 썼습니다."

박석희 전 한국농촌관광학회 회장(경기대 명예교수)은 내촌천의 백미인 덕탄의 경치와 사계절의 변화를 노래한 시조를 모아 일명 '덕탄 48영'을 완성했다.

"조선 초기 글을 좋아하던 양녕대군이 쓴 시조 48영을 비롯해 조선조 개인정원의 최고로 손꼽히는 전남 담양의 소쇄원에도 문신 김인후 선생이 머물며 경치를 노래한 48영이 있어 더 유명해졌지요."

박 교수는 "자연의 아름다움도 좋지만 그 자연의 정서를 노래한 시가 있으면 장소의 가치가 훨씬 더 높아질 것"이라며 "주민과 다양한 문인, 사진작가들이 자신의 재능으로 덕탄 48영을 노래했으면 좋겠다"고 강조했다.

"주민이 노래한 시를 모아 조성한 덕탄 시화공원은 또 다른 시작"이라는 박 교수는 "오스트리아의 '사운드 오브 뮤직' 촬영 공간처럼 덕탄에서도 주민이 모여 음악회도 열고 뮤지컬도 공연할 날이 오기를 기대한다"고 말했다.

우리 마을 자원

이야기골프길은 향기나는 서곡마을의 여러 동네를 연결하는 둘레길로, 4코스 구간에 전체 길이는 8317m다. 코스마다 명소가 있어 마을 이야기꾼의 해설을 들으며 걸으면 제 맛이다. 둘레길 길이가 골프 18홀을 돌 때 걷는 거리와 비슷하고, 걸으면서 목표 지점까지 걸음 수를 예측해 맞히는 게임을 하도록 구상해 골프길이란 이름을 붙였다.

{ 수레바위 }

마을에 복을 가져다주는 바위라고 믿는다. 수레처럼 생긴 바위 위에 4각의 작은 돌이 있는데 '수레가 짐을 실은 형상'이라 해서 마을에 복이 들어온다고 한다. 60년 전 이웃마을 젊은이들이 놀러 와 힘자랑을 하다 짐(4각돌)을 강에 떨어뜨렸다. 마을의 화를 우려한 주민들의 요구로 새로운 짐을 만들어 현재 모습으로 원상복구를 해놓았다.

{ 만물상 }

덕탄에는 기이한 형상을 한 바위가 물 위로 솟아나 있다. 특징 있는 바위는 이름을 가졌지만, 보는 이에 따라 형상이 달라 방문자가 이름을 붙이는 놀이를 한다. 옆에는 주민이 지은 시를 모아 전시하는 시화공원이 있다.

{ 아슬아슬 수로길 }

내촌천 덕탄의 속살을 들여다볼 수 있는 벼랑길이다. 강물을 농경지로 끌어들이는 오래된 수로가 있어 수로 위를 걷는다. 내려다보이는 내촌천의 맑은 물과 기암괴석의 조화가 아름답다.

이야기골프길 안내도

한 걸음 더 들어가기

성공적인 마을둘레길 만들기

보고 즐기는 대중 관광에서 환경과 지역을 배려하는 생태 관광이 각광받으면서 지역마다 둘레길 만들기 열풍이다. 농촌도 예외는 아니어서 농촌관광을 하는 마을 치고 마을길 없는 곳이 없을 정도다. 마을의 둘레길을 만들기 위해서는 사전에 마을 자원조사와 지자체 탐방로 개설 계획 등을 살펴서 연계하는 것이 중요하다. 향기나는 서곡마을 이야기골프길은 사전 자원 조사 과정을 거쳤고, 홍천군의 생태탐방로와도 연결돼 탐방객의 마을 유입이 가능해졌다.

1. 주민이 함께 걷는 길을 만들자

방문객 위주의 둘레길이 아닌 주민의 산책로로 만드는 것이 시작이다. 마을의 협력을 이끌어내고 주민의 이용이 활발할 때 방문객의 관심도 높아진다. 주민이 마을 자원에 대한 정보를 공유하고 공감해야 가치를 높일 수 있다. 특히 마을의 독특성을 살리기 위한 역사·문화 자원은 체험과 해설을 곁들일 때만 방문객의 만족도를 높인다는 점도 알아두자.

2. 이야기가 있는 길을 만들자

둘레길을 만드는 과정 가운데 가장 어려운 부분이 자원을 발굴하는 것이다. 문헌 조사와 주민 인터뷰 등을 통해 마을의 자원을 확보하고, 이를 바탕으로 주제, 즉 테마가 있는 길을 구상한다. 많은 자원을 주제에 맞게 구분하고 코스마다 특징을 살린 네이밍, 즉 이름을 잘 붙이는 것 또한 중요하다.

3. 자연이 아름다운 길을 선택하자

제주 올레길, 지리산 둘레길, 북한산 둘레길 등 잘 알려진 둘레길에 대한 만족도를 조사한 자료를 보면 가장 선호하는 곳은 아름다운 자연환경과 조망권을 가진 코스다. 둘레길을 찾는 사람들의 목적이 자연 속에서 평온하게 걸으며 경관을 즐기기 위해서인 경우가 가장 많기 때문이다.

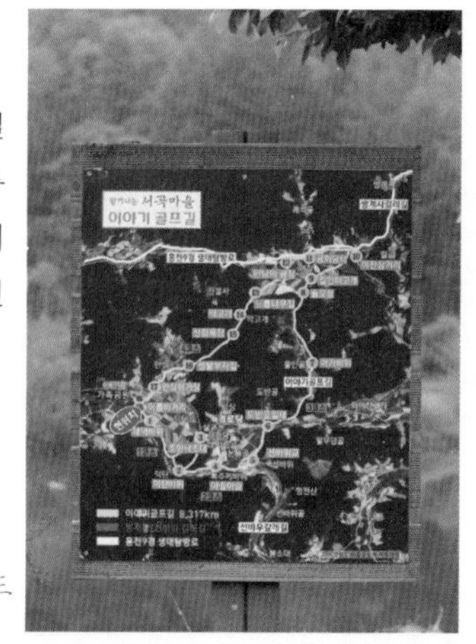

이야기골프길 노선도

1

경기 연천
왕징면 나룻배마을

장대나룻배의 추억과 민통선 자연 탐방

북한과 맞닿은 곳 연천. 휴전선 이북에서 발원한 임진강이 굽이치며 흐르는 곳에
나룻배마을이 있다. 우리가 갈 수 있는 최북단 마을이기에
흔히 볼 수 없는 풍경이 눈에 든다. 임진강의 맑은 물 위를 드나들던 장대나룻배,
철책이 가로막힌 민통선의 자연 풍경이 남다른 인상을 심어준다.

"더 세게 장대를 밀어! 다 왔어. 우리 힘내자!"

아이들이 힘을 합쳐 배를 미는 소리가 청명한 가을 하늘 아래 울려 퍼진다. 초등학교 3학년 아이들이 서로를 북돋우며 장대나룻배로 호수 일주에 나섰다. 나룻배에 처음 올랐을 때는 앞으로 나가는 방법을 몰라 제자리를 맴돌던 아이들이 서로의 의견을 모아 방향을 잡는다. 물 깊이가 낮아 배의 부력이 떨어질 때는 모두가 힘을 모으고, 방향을 틀 때는 선장의 역할을 맡은 친구의 지도에 따라 이리저리 장대를 돌려가며 바닥을 채는 모습이 제법 능숙한 뱃사람 흉내를 낸다.

"선생님! 한 번 더 타도 되지요? 이번엔 제가 선장 역할을 맡고 싶어요!"

다소 힘들어 보이는 장대나룻배 체험을 막 끝낸 아이들이지만 지친 기색이라곤 찾아보기 어렵다. 오히려 선장 역할을 서로 하겠다며 또다시 나룻배에 오르기도 한다. 시간에 쫓겨 기회를 못 잡은 아이들이 아쉬운 듯 자리를 쉽게 뜨지 못한다.

농촌체험과 관광사업이 마을의 미래 비전

경기 연천 나룻배마을(www.narubea.kr)은 임진강을 끼고 있는 마을이다. 북삼교가 놓이기 전까지만 해도 강을 건너다니려면 장대나룻배를 타야 했던 외진 마을이지만 지금은 연간 3만여 명의 방문객이 다녀가는 농촌관광마을로 변신했다.

1. 아이들이 역할을 나눠 장대나룻배를 몰아오고 있다. 연꽃 호수를 한 바퀴 돌아오는 데 15~20분이 걸린다. 2. 나룻배마을은 초등학교 자리를 농촌체험학교로 리모델링했다. 주말이면 이곳이 아이들로 넘쳐난다.

마을의 상징적인 체험인 장대나룻배 타기를 비롯해 휴전선 민간인 통제구역을 지나 들어가는 자연생태투어 등 마을의

특징을 살린 체험을 개발해 연천에서 첫손에 꼽히는 마을로 발전하고 있다.

2006년 녹색농촌체험마을로 선정돼 농촌관광사업을 시작한 나룻배마을은 2009년 농협의 팜스테이, 2010년 우수 체험공간, 2011년 루럴(Rural) 20, 2012년 평화생태마을로 선정되며 농촌관광 마을로 존재감을 높이고 있다.

마을을 찾는 방문객이 늘어나면서 마을에서 묵으며 여가를 즐길 수 있는 시설도 속속 들어섰다. 가장 대표적인 시설이 나룻배마을 활성화센터다. 마을 이미지를 살려 나룻배 형상으로 설계된 건물에는 현대적인 숙박시설과 교육장이 있다. 2016년에는 나룻배마을 팜핑장도 개장해 마을에서 야영하며 농촌체험을 할 수 있는 편의시설을 갖췄다.

1. "내 솜씨 어때요?" 식체험교육에 참여한 아이들이 직접 수확한 애호박으로 호박전을 부쳤다. 2. 마을 앞을 흐르는 임진강은 아이들의 여름철 물놀이터로 인기가 높다. 족대를 이용해 민물고기도 잡는다.

마을 공동 사업장마다 소사장제 도입

방문객과 시설이 많아지며 마을 경영의 필요성을 인식한 주민들은 마을법인 설립과 함께 소사장제를 도입했다. 시설 규모가 크고 연중 운영해야 하는 여건을 감안해 전문 경영인을 선정해 마을 공동 사업장의 운영을 맡기는 방식이다.

마을총회의 동의를 얻은 경영인에게 2~10년간의 임기를 보장해주거나 시설을 임대하는 형태다. 나룻배마을에는 농촌체험을 전담하는 '나룻배마을 농촌체험학교'와 현대화한 숙박시설을 갖춘 '나룻배마을 활성화센터', 대형 텐트와 야영도구를 제공하는 '나룻배마을 팜핑장', '늠름한' 농특산물 브랜드를 생산하는 '참기름 가공공장'

등 4곳의 마을 공동 사업장이 있다.

각 사업장은 수익의 일정 비율을 마을에 발전기금으로 적립하고, 주민에게 일자리를 제공하며 마을에 기여한다. 주민들은 체험농장 참여와 체험지도, 식당과 숙박시설 운영에 직접 참여하며 농외소득을 올리고 있다.

2017년 11월호

INTERVIEW

박영관 나룻배마을 농촌체험학교 대표

마을의 기능 이어갈 체류형 귀농·귀촌 교육 준비

"저와 함께 농사일을 하며 마을에 정착할 젊은이를 찾습니다. 농사를 천직으로 아는 어르신들을 뒤이어 우리 마을을 가꿔갈 귀농인과 귀촌인을 교육하는 일을 하고 싶습니다."

나룻배마을 농촌체험학교 박영관 대표는 "마을의 미래가 귀농·귀촌 교육에 달려 있다"며 "마을에서 1년 정도 함께 생활하며 농촌을 알아가는 교육 프로그램을 준비 중"이라고 말했다.

나룻배마을은 2018년 초에 마을에 정착할 의사가 있는 도시민 중에서 귀농·귀촌 교육 대상자 5가구를 선정해 마을에 있는 체류형 주말농장(클라인가르텐)을 싸게 빌려줘 농촌에서 생활할 수 있도록 할 계획이다. 특히 가구마다 300㎡(100평) 규모의 비닐하우스를 임대해주고, 농사지을 작목도 선택하면 1년간 주민들이 영농 도우미 역할을 맡아 함께 농사를 지으며 영농을 돕는 등 농촌 정착 기간을 앞당기도록 준비하고 있다.

"1주일에 5일 이상을 마을에서 함께 생활하며, 농사를 통해 소득을 올려봄으로써 자신감을 갖고 마을에 정착할 수 있도록 돕는 것이 참 의미"라는 박 대표는 "농촌관광처럼 도시에서 익힌 다양한 재능과 정보를 마을에 적용하는 계기도 마련할 것"이라고 설명했다.

박 대표는 "은퇴 후 전원생활도 좋지만 농사일을 감당할 수 있는 젊은 귀농·귀촌인이 이주한다면 마을에 활력을 불어넣고 도시와 농촌을 연결하는 중요한 고리 역할도 할 것으로 기대한다"고 강조했다.

우리 마을 자원

{ 장대나룻배 타기 }

마을 앞 논에 작은 호수를 조성해 2척의 장대나룻배를 운영한다. 뱃길은 호수 바닥의 흙을 중앙에 쌓아 조성한 한반도 모양의 연꽃 호수를 돌아오는 코스인데 약 200m 남짓이다. 노를 젓는 대신 긴 장대로 바닥을 밀며 움직이는 방식으로, 옛 임진강에서 운영되던 나룻배의 형태를 그대로 옮겨놓았다.

{ 민통선 자연탐방 }

군사분계선 인근 민간인 통제구역에 트랙터가 끄는 마을 투어버스를 타고 들어가 자연생태를 관찰하는 체험이다. 군인초소를 통과하면 넓은 들이 있어 농업인들이 출입하며 농사를 짓는다. 벼와 각종 농산물이 익어가는 모습을 살펴보고, 조선 초기에 만들어진 진주 강씨의 고분을 비롯한 역사 이야기도 들을 수 있다.

{ 나룻배마을 활성화센터(www.dmz38.kr) }

나룻배 모양으로 건물을 지었다. 100명 이상이 묵을 수 있는 시설과 120석 규모의 강의실, 식교육전문교육장, 식당 등 편의시설이 있어 대규모 방문객을 받을 수 있다. 이곳에 숙박을 정하고 임진강을 따라 '임진강평화누리길'을 걷거나 태풍전망대와 허브빌리지 등 인근 관광지를 돌아보는 테마관광도 준비돼 있다.

{ 나룻배마을 팜핑장 }

말 그대로 농장(Farm)에서 캠핑(Camping)을 즐기도록 꾸민 오토캠핑장이다. 팜핑장에는 넓은 텐트와 침낭 등 숙박시설과 조리도구가 준비돼 있어 몸만 오면 가족 단위 캠핑이 가능하다. 근처 밭에서 농산물을 채취하고 조리해 먹을 수도 있다. 사전 예약제로 운영된다.

{ '늠름한' 농특산물 }

남한의 최북단인 나룻배마을의 찬바람을 온몸으로 맞으며 자란 굳센 청정 농산물이란 의미로 '늠름한'이란 브랜드를 붙였다. 나룻배마을은 민간인 통제구역에서 생산되는 청정 쌀을 비롯해 콩·참깨·들깨·인삼·산나물·토마토·호박 등 다양한 농산물을 소포장해 판매한다.

한 걸음 더 들어가기

민통선 자연의 4가지 매력

1. 잘 보존된 자연환경

민통선 안에는 사전 예약을 통해서만 들어갈 수 있다. 주민들도 낮에만 출입영농이 가능할 만큼 사람의 접근이 통제돼 자연환경이 잘 보존돼 있다. 민통선 안에는 청정한 자연환경뿐만 아니라 다양한 문화유산도 즐비해 이야깃거리가 풍부하다.

2. 물고기 모양의 강회백의 묘

통정(通亭) 강회백(1357~1402)은 고려 말에서 조선 초기의 문신으로 대사헌을 지냈다. 산꼭대기에 산소를 올려 멀리서 보면 왕릉처럼 크게 보인다. 무학대사가 산소 자리를 정해줬다는 이야기가 전해지며, 산소를 만들기 위해 땅을 팔 때 물고기가 나왔다 하여 산소의 전체 모양을 물고기 형상을 본떠 만들었다. 산소의 옆면을 보면 유선형의 물고기 모양을 발견할 수 있어 신비감을 더한다.

3. 명필 허목의 묘

허목(1595~1682)의 묘는 마을에서 10㎞ 정도 떨어져 있다. 조선 중기 대학자인 미수 허목 선생은 예순살이 넘어 벼슬길에 올라 우의정까지 지낸 인물이다. 전서체의 대가로 당대 동양 최고 명필로 손꼽혔다. 효종이 죽고 난 뒤 우암 송시열과의 예송 논쟁이 유명할 만큼 필체와 문장에 능했다. 예송 논쟁은 왕의 사후 상복을 입는 기간을 두고 벌인 논쟁이다.

4. 농사체험 장소

나룻배마을은 민통선 안쪽에 크고 넓은 농토를 가지고 있다. 지역 특산물인 벼와 인삼을 비롯해 시설하우스에서 토마토와 오이 등 신선채소를 생산한다. 특히 배 과수원이 넓게 분포해 가을철 배따기 체험과 어린 왕자를 주제로 한 테마농장은 독특한 농사체험 프로그램이다.

■ 민통선 자연 활용 체크 포인트

① 원시적인 자연미를 뽐내자. ② 신비성과 모험성을 적극 활용하자. ③ 청정 자연의 고품질 농산물을 생산하자.

경남 남해
상주면 두모마을

다랑논 유채꽃과 바다 풍광을 상품화

경남 남해 육지와 바다가 맞닿은 곳에 두모마을이 있다. 3~4월 봄을 시샘하는
꽃샘추위 속에서도 두모마을에는 수많은 관광객이 줄을 잇는다.
마을 주민들이 15년 동안 아무도 돌보지 않던 휴경지에 유채를 심고부터
화려한 봄꽃을 보려는 사람들의 방문에 마을 입구는 교통 체증이 생길 정도다.

사면이 바다로 둘러싸인 남해는 어업이 주업이지만, 좁고 경사가 급한 지형적 특성을 이용해 층층이 논을 만든 다랑논이 발달해 있다. 다랑논은 예전에 주식인 쌀 생산이 목적이었지만, 요즘에는 마늘과 고사리 등 지역 특산물을 생산하는 밭으로 용도가 전환되면서 대부분 사라지거나 휴경지로 방치되는 경우가 많다.

두모마을(du-mo.co.kr)에도 다랑논이 여러 해 방치돼 흉물로 남아 있었다. 잡풀이 무성한 휴경지가 마을 입구를 가로막아 외부에서는 마을이 있는지도 몰랐을 정도였다. 하지만 2005년 손대한 이장을 비롯한 주민들이 산으로 변한 다랑논을 개간해 유채를 심고부터 마을 이미지가 서서히 바뀌었다.

주민들은 마을의 경관 조성을 위해 다랑논 형태를 그대로 유지하면서 꽃과 열매를 활용할 수 있는 유채를 심었다. 무너진 계단식 다랑논을 하나하나 복원하고, 유채 파종 면적을 점차 늘리면서 5년이 지나자 사진작가의 눈에 띄어 숨은 비경으로 알려졌다.

내친 김에 주민들은 4월 말 유채꽃이 지면 7월에 메밀을 파종했다. 9월에 메밀꽃이 펴서 연중 꽃이 피는 마을 이미지를 만들어갔다. 유채와 메밀이 꽃을 피우면 멀리 보이는 쪽빛 바다와 어우러지며 장관을 연출해 언론의 조명을 받았다. 봄철과 가을철 꽃이 피는 명소로 떠오른 두모마을에는 한 해 수만 명의 관광객이 다녀간다.

연중 꽃 피우는 '농촌테마파크' 조성

두모마을은 남해의 명산으로 쌍계사의 말사인 보리암을 품은 금산 뒤편에 있다. 금산 줄기가 뻗어내려 남해와 만나는 완만한 경사지에

1. 두모마을은 15년간 휴경지로 방치돼 있던 다랑논에 유채를 심어 마을의 랜드마크로 개발해 봄꽃 명소가 됐다. 2. 두모마을 바다체험장.

조성된 다랑논의 유채꽃 공원은 남해와 만나며 아름다운 경관을 선사한다. 천혜의 자원을 간직한 두모마을은 2013년에 정부로부터 꽃을 주제로 한 농촌테마파크 조성 사업 대상으로 선정됐다.

정부와 남해군은 오는 2020년까지 78억 원의 자금을 투입해 10ha 다랑논에 다양한 야생화 군락지를 조성해 계절마다 색다른 꽃이 피는 마을로 조성할 계획이다. 남해군은 2017년에 38억 원을 들여 마을의 다랑논을 구입해 목련·국화·구절초 등 10여 가지 야생화를 심어놓고 군락지 조성 작업을 진행하고 있다.

테마파크 주변에는 귀농·귀촌인 전문 단지도 함께 조성해 테마파크에서 발생하는 자원을 활용해 6차 산업을 하는 여건도 만들기로 했다. 현재 마을 주민들의 연령이 높고 농업에 종사하는 수가 적어 외부 젊은이들이 마을로 들어오게 해야 한다는 주민들의 요구를 적극 반영한 것이다.

아름다운 경치가 알려지며 두모마을을 방문하는 사람이 늘어나자 마을에 활력이 생겼다. 찾아오는 관광객을 활용해 농촌과 바다 체험 등 농촌관광을 통한 새로운 소득원을 개발하는 데 관심을 쏟고 있다. 꽃차 소믈리에에 관심이 있는 주민들은 전문 과정을 이수하고 자격증을 취득했다. 주민 10명이 꽃드림영농조합법인을 결성하고 마을 소유 부지에 가공과 체험 시설을 마련할 꿈에 부풀어 있다. 2012년 시작했지만 마을 간의 갈등으로 지체되던 권역 사업도 추진력을 얻어 궤도에 올랐다.

전국에서 처음으로 바다 카누 체험을 운영해 성공한 마을 사람들은 권역의 소득 사업으로 바다다이빙센터 개설을 준비하고 있다. 관광객이 마을에 장기간 머물며 농촌과 어촌을 충분히 누리고 갈 수 있는 환경을 만들겠다는 생각에서다.

2018년 5월호

두모마을 해양레포츠 체험.

드넓게 펼쳐진 두모마을 유채밭에 상춘객들이 찾아와 화사한 봄을 즐기고 있다.

INTERVIEW

손대한 두모마을 대표

마을 자원 활용해 특색 있는 농어촌 체험 제공

"남해의 아름다운 농촌 전경을 즐기고 바다에서 짜릿한 모험을 경험하는 농어촌 문화가 공존하는 마을로 성장하면 좋겠습니다."

손대한 두모마을 대표는 "늘어나는 마을 관광객을 그냥 보내지 않기 위해 3가지 새로운 계획을 추진하고 있다"고 밝혔다.

"유채꽃 단지를 지나 마을 안길로 들어서면 더 값진 자원이 즐비하다"는 손 대표는 "바닷가 옆 오토캠핑장에 여장을 풀고 마을의 자연을 걸으면서 바다에서 즐거움을 만끽할 수 있는 테마 체험 마을로 조성할 계획"이라고 강조했다.

5년 전 전국에서 가장 먼저 바다카약을 시작해 관심을 모았던 손 대표는 "바다카약에서 얻은 전문성을 살려 바다다이빙센터를 만들어 스노클링과 스킨스쿠버 등 보다 전문적이고 재미와 모험이 있는 해양 레포츠를 진행할 생각"이라고 밝혔다. 또 관광객이 마을에서 숙박할 수 있도록 오토캠핑장 사이트를 늘리고, 마을 안에 10가구가량 귀농 · 귀촌인 단지를 조성해 도시민이 마을에 정착하도록 해 젊은 마을로 변화를 추구하고 있다.

"두모마을은 산과 들과 바다가 있는 마을"이라는 손 대표는 "꽃 테마파크를 조성하고, 권역 사업을 통해 바다다이빙센터를 완성하면 독특하고 유일한 체험 프로그램을 제공하는 특색 있는 마을로 발전할 것"이라고 기대감을 드러냈다.

우리 마을 자원

{ 두모 유채꽃 메밀꽃 단지 }

두모마을의 유채꽃 단지는 '봄꽃이 있는 농촌체험 휴양마을 10선'에 선정될 정도로 아름다운 전경을 자랑한다. 푸른 바다와 마을 뒷산인 금산이 노란 유채꽃과 어우러져 절경을 연출한다. 유채꽃이 만발한 다랑논의 구불구불한 논둑이나 1.5㎞ 정도의 산책로를 걸으며 남쪽의 봄을 만끽하기에 부족함이 없다.

{ 개막이와 어부 체험 }

갯고랑에 그물을 설치해 밀물 때 들어오는 고기를 잡는 전통 방식의 고기잡이로 6월에서 9월까지 밀물 때 프로그램을 진행한다. 마을 앞 넓은 갯벌에서는 바지락을 캐며 해양 생태계에 관한 설명을 곁들인 체험이 연중 진행된다. 날씨가 좋으면 배를 타고 먼 바다로 나가 낚시와 전통 방식으로 고기를 잡는 어부 체험도 한다.

{ 해양 레포츠 }

두모마을 앞바다는 수중 생태계가 아름답고 수심이 낮아 해양 레포츠의 적지다. 해양 레포츠 강사 자격증을 갖춘 주민들과 협력해 바다카약, 바다래프팅, 스노클링, 스킨스쿠버 등 다양한 해양 레포츠 체험 프로그램을 운영한다.

{ 노도 '문학의 섬' }

체험 마을 앞에 있는 조그만 섬 노도는 <구운몽>의 저자 서포 김만중 선생의 유배지로 유명한 곳이다. 남해군은 노도에 서포 선생의 유배 생활을 엿볼 수 있는 초가집 등 옛 모습을 재현해 놓았다. 두모마을은 바다카약과 래프팅 체험 코스에 노도 여행을 포함해 유적을 돌아보는 '문학의 섬' 체험 프로그램을 운영한다.

{ 민박과 캠핑 }

두모마을에는 민박과 오토캠핑장이 있어 방문객이 선택할 수 있다. 숙박 시설은 마을 펜션인 드므개펜션과 마을체험관, 민박 등이 예약제로 운영된다. 바닷가에 조성된 캠핑장(cafe.naver.com/dumocamping)에는 23개 캠핑 사이트가 마련돼 있다. 이용 요금은 비수기는 4만 원, 7~8월 성수기는 5만 원이다.

{ 전문가 진단 }

농촌마을 이벤트 기획하기

01 꽃이 피는 시기에 맞춰 이벤트를 준비하자

유채꽃이 피는 4월이면 수만 명의 상춘객이 두모마을을 다녀간다. 하지만 관광객은 대개 마을 입구에 있는 '두모 유채꽃 메밀꽃 단지'만 보고 돌아간다. 이들을 마을로 유인해 농촌과 바다 체험을 하거나 지역 특산물을 구매하도록 유도하는 방안이 필요하다.

유채꽃 단지에서 관광객을 대상으로 이벤트를 진행하는 것도 좋겠다. 경관이 아름다운 곳에 포토존을 마련해 안내판을 설치하거나 사진 촬영 대회나 관광객이 참여하는 작은 마을 축제를 여는 것도 바람직하다.

02 마을 특징을 살린 고유 브랜드를 개발하자

두모마을의 유채꽃과 메밀꽃은 마을의 지리적 특징을 대표하는 랜드마크가 된 지 오래다. 하지만 아직 유채꽃과 메밀꽃을 활용한 통합 마을 브랜드를 개발해 활용하지 않는 점은 안타깝다.

꽃을 주제로 한 농촌테마파크를 조성하는 과정에 맞춰 두모마을을 상징하는 고유 브랜드를 개발하면 좋겠다. 그리고 농촌과 바다 체험 프로그램과 지역 특산물 판매에 이르기까지 통합 브랜드를 적용한다면 홍보 효과를 더욱 높일 수 있을 것으로 기대된다.

03 관광 목적지가 되게 하자

마을을 중심으로 2개 테마파크를 조성하고 있다. 마을에는 꽃을 주제로 한 농촌테마파크, 마을 앞 노도에는 조선 3대 문학가로 손꼽히는 서포 김만중의 문학 테마파크를 조성한다. 특히 마을 뒷산인 금산에는 남해 최대의 관광 명소인 보리암이 있다. 이 같은 자원을 유기적으로 연결한다면 마을을 관광 목적지로 발전시키기에 충분하다.

우선 마을 인근에 있는 2개 테마파크를 상호 활용하는 관광과 체험 프로그램을 개발하는 것이 필요하다. 마을에서 운영하는 해양 레포츠와 연계하면 탁월한 경관과 모험, 그리고 역사와 문학 교육을 결합한 독특한 체험 프로그램을 운영할 수 있어 경쟁력이 충분할 것으로 보인다.

1. 마을을 찾은 외국인 관광객이 바다체험을 즐기고 있다. 2. 마을 입구에 조성된 유채밭에서 관광객들이 사진을 찍으며 즐거운 시간을 보내고 있다.

1

인천 강화
석모도 해미지마을

섬의 멋과 맛을 살려 관광객 유치

낙조로 유명한 강화 석모도에 가을이 물들었다. 노을처럼 석모도 해미지마을의
가을 색이 다채롭다. 마을 집집마다 노란색 감이 탐스럽게 열렸다.
바다와 연해 있는 간척지에는 황금색 벼가 일렁이고
산책로가 지나는 먹색의 갯벌 위로는 자주색 칠면초가 군락을 이룬다.

석모도의 가을을 보려는 관광객이 끊임없이 몰려든다. 가을도 아름답지만 예전처럼 배를 타지 않고 다리로 건너는 편의성 덕분이다. 2017년에 강화도와 석모도를 연결하는 연륙교인 삼산대교가 개통돼 누구나 쉽게 섬마을의 정취를 느낄 수 있다. 그 때문에 주말이면 외지에서 몰려드는 관광객으로 섬 전체가 북새통을 이룬다.

연륙교가 생기고 관광객은 편해졌다지만, 석모도의 관문 역할을 했던 해미지(海味地) 주민에겐 걱정이 생겼다. 예전 같으면 강화도 외포 선착장에서 여객선을 타고 석모도 해미지마을(www.haemizi.com) 나룻부리항에 내려 섬 관광을 시작했다. 하지만 요즘에는 관광객은 늘었지만 섬 전체로 분산돼 해미지마을로서는 석모도 관광의 시발점이자 종착점이라는 명성을 유지하는 데 어려움이 커졌다.

더구나 섬으로 들어오는 관광객을 해미지마을로 불러들일 묘책을 찾아내야 하는 난제도 안았다. 주민들은 2014년 행정자치부의 공모 사업인 '농어촌 복합형 체험마을 사업'에 계획서를 제출하고 직접 찾아가 설명하는 노력 끝에 사업을 유치해 정부 지원금 30억 원을 받으면서 활로를 찾았다.

마을 경관 조성과 농어촌 관광사업 개발

해미지마을은 섬이면서도 주민 80%가 농업에 종사하는 특징을 활용해 반농반어의

1. 해미지마을 앞 해변에 펼쳐진 칠면초 군락지. 섬의 가을 풍경을 즐기려는 사람들이 자주 찾는다. 2. 마을 앞에는 갯벌이 길게 펼쳐져 있다.

이색적인 풍광을 살려내는 마을 경관 개발에 집중했다. 마을 앞을 지나는 강화 나들길 11번 코스를 정비하고 쉼터를 조성해 마을의 빼어난 경관을 볼 수 있도록 했다. 만조 때가 아니면 바닷물에 잠기지 않고 수위도 낮은 마을 앞 갯벌은 바다 체험장으로 시설을 갖췄다. 칠면초 군락지 사이로 난 물길을 따라 이동하며 갯벌에 사는 수생식물의 생태계를 관찰하는 체험 프로그램을 개발한 것이다. 갯벌 끝에는 전통 어로 도구인 개막이 시설을 설치해 봄부터 가을까지 활용한다. 주민들은 갯벌에 들어가 마구잡이로 조개를 캐고 고기를 잡는 약탈식 체험이 아니라 칠면초 군락지를 지켜 경관을 유지하면서 수상 생태계를 관찰하는 친환경적 바다 체험을 운영할 계획이다.

마을 축제로 나룻부리항 매력 부각

석모도로 통하는 유일한 관문 역할을 하던 나룻부리항도 모습과 기능을 정비했다. 마을 주민들이 운영하는 먹을거리와 특산물 판매장을 산뜻하게 정비하고, 마을 축제를 열어 석모도 제1의 명소로서의 명성을 유지하려고 애쓰고 있다.

1. 마을은 '시(sea)팜(farm) 마켓'이란 명칭으로 제1회 마을 축제를 열었다. 2. 100년 시간을 간직한 석포리 성당.

주민들은 전문가의 컨설팅을 받고 선진 마을을 견학하는 등 2년여의 준비 기간을 거쳐 마침내 올해 10월 13일 '시(sea)·팜(farm) 마켓'이란 이름으로 제1회 마을 축제를 열었다. 축제 명칭에서 드러나듯이 바다와 농지에서 생산되는 모든 먹을거리를 한자리에서 판매하는 시장으로서의 기능을 알리는 데 초점을 맞췄다.

해미지마을은 축제가 열리는 올해를

농어촌관광을 본격 시작하는 해로 삼고 관련된 마을 시설을 늘려 소득 기반을 다양화할 계획이다. 마을의 가장 큰 소득원인 강화 쌀을 수매하고 실시간으로 정미해 고품질의 쌀을 판매하기 위해 마을 정미소를 지었다. 아울러 마을의 도농교류 사업을 총괄해 체험 프로그램을 운영하고 석모도 관광 정보를 제공할 마을교류센터 건물도 신축했다.

2018년 11월호

INTERVIEW

김미경 해미지마을 사무장

칠면초 이용한 건강식품 개발 가능성 타진

"농한기에도 꾸준히 소득을 올릴 수 있는 주민 일자리를 만들고 싶습니다."

김미경 해미지마을 사무장은 "새로운 일자리 창출을 위해 마을기업을 추진할 계획"이라고 말했다. 2014년 행정자치부의 공모 사업인 '농어촌 복합형 체험마을 사업'을 유치해 30억 원의 정부 지원을 이끌어낸 경험이 있는 김 사무장은 마을에 들어설 정미소와 도농교류센터를 활용해 새로운 소득거리를 만들 계획을 추진하고 있다.

김 사무장은 마을의 주요 소득원인 강화 쌀과 독특한 경관을 제공하는 칠면초를 활용해 새로운 가공식품을 개발하는 방안을 구상 중이다.

"석모도만의 특징을 살린 먹을거리를 생각하던 중 예전부터 봄철에 나물로 먹던 칠면초를 떠올리게 됐다"는 김 사무장은 "칠면초와 강화 쌀을 활용해 웰빙 떡이나 부침 등 부녀회에서 할 수 있는 가공식품을 만들어 관광객에게 제공하면 좋을 것"이라고 말했다.

칠면초는 칠면조처럼 색이 잘 변한다는 의미로 바닷가 갯벌에서 자라며, 봄철에 나는 녹색의 새순을 잘라 나물처럼 무쳐 먹으면 맛있다. 한방에서는 칠면초의 뿌리를 제거하고 식물 전체를 약재로 쓰는데 해열 작용이 있다.

우리 마을 자원

{ 석모도의 전통시장 '나룻부리항' }

강화 외포 선착장에서 출발한 여객선이 석모도에 접안하는 선착장이 있는 자리. 지금은 연륙교가 생기며 배가 들어오지 않지만 석모도의 맛집과 특산물 판매점이 몰려 있는 시장으로 재탄생했다. 선착장에서 마을로 곧게 뻗은 도로를 사이에 두고 먹을거리를 파는 식당과 마을 주민들이 직접 생산한 속노란 고구마와 순무김치, 말린 새우와 젓갈류 등 석모도에서 나는 온갖 농수산 특산물이 판매된다.

{ 섬마을 경관이 빼어난 '나들길' }

본섬과 석모도에 숨어 있는 이야기를 만나는 도보 여행길이다. 해미지마을을 지나는 11번 코스는 해변의 방파제 위를 걸어 바다 냄새를 맡으며 섬마을의 이색적 풍광을 즐길 수 있다. 갈대 숲 너머로는 황금 들판이 보이고, 해변에는 자주색이 선명한 칠면초 군락지가 펼쳐져 신비감을 준다. 마을 앞에서 시작해 해안선을 따라 나룻부리항까지 연결되는 나들길은 사시사철 색다르게 변하는 섬마을의 모습을 담아내 언제 걸어도 지루함이 없다.

{ 작은 바닷게의 천국 '해미지 갯벌' }

가까이 가면 소스라치게 놀라 자취를 감추는 조막 게. 소리에 민감해 발걸음 소리에도 땅속으로 몸을 숨기는 작은 게들의 천국이 해미지 갯벌이다. 밀물 수위가 낮아 게 생육에 적합한 해미지 갯벌에는 농게·칠게·털게·방게·풀게·세스랑게 등 이름조차 생소한 다양한 바닷게가 살고 있다. 마을에서는 작은 게의 생태를 설명하는 바다 해설과 조석간만의 차이를 이용해 고기를 잡는 개막이 등 바다 체험 프로그램을 제공한다.

{ 마을 축제 '시(sea)·팜(farm) 마켓' }

해미지마을 주민이 직접 기획하고 참여하는 마을 축제다. 반농반어의 마을에서 생산되는 온갖 특산물이 총출동한다. 속노란 고구마와 강화 쌀을 비롯해 순무김치, 직접 잡아 말린 건새우 등 석모도의 먹을거리가 싼 값에 판매된다. 축제장에서는 주민들이 참여하는 민속 공연과 오카리나 연주 등 문화 행사도 열린다. 마을이 운영하는 카페는 축제 때면 차를 마시며 주민들이 만든 관광 기념품을 구입할 수 있는 명소로 거듭난다.

한 걸음 더 들어가기

마을 자원을 관광 자원화하는 방법 *

관광 자원화는 마을에 있는 아름다운 자연 경관이나 현상, 역사적인 의미가 있는 유적이나 이야기 등의 자원을 마을 관광에 활용하도록 개발하는 과정이다. 가장 쉬우면서도 효과적인 방법은 발굴한 자원을 변형하지 않고 그대로 자원화하는 방법이다. 마을 자원이 있는 장소나 규모, 내용이나 구성 등에 변화를 주지 않고 관광 자원으로 활용하는 것이다.

그 방법으로는 **첫째,** 마을 자원 자체를 방문객의 오감에 노출해 볼거리화하는 것이다. 해미지마을의 경우 칠면초 군락지를 잘 보존해 관광 상품으로 활용하는 것이다. 관광 효과를 높이려면 가장 아름다운 시기나 계절에 사진을 찍어 홍보하거나 접근로를 개선해 쉽게 찾아오도록 해 관광객의 감흥을 높이는 노력이 필요하다.

둘째, 독특한 마을 자원에 해석이나 해설을 붙여 방문객의 주의를 이끌어내는 것이다. 칠면초 군락지를 보는 것도 좋지만 칠면초에 관한 설명을 붙이거나 바다 생태계에 관한 해설을 추가하면 더욱 효과적으로 관광 자원화할 수 있다.

셋째, 과거의 것을 재현하는 방식이다. 해미지마을에는 과거 역사의 흔적이 많이 남아 있다. 얼음 창고가 있던 빙고부리, 세금으로 거둔 물품을 실어 나르던 공개나루, 바닷물을 졸여 소금을 만들던 활염터, 경복궁 바닥재로 쓰인 박석을 캐내던 농박골 등 자원이 다양하다. 이런 곳이 사라지기 전에 보전하고 자료를 정리하는 것부터 시작할 수 있다.

넷째, 관광 소재나 기구를 도입해서 놀 거리를 만드는 방법이다. 마을 앞에 있는 칠면초 군락지에 길을 내 걷도록 하거나 어로 도구를 준비해 물고기를 잡아보게 하는 방법이다.

다섯째, 관광 자원을 이용할 수 있는 기술을 알려주고 즐겁게 놀이를 하도록 돕는 방법이다. 마을에서 보존하고 있는 전통적인 어로 방법인 개막이 고기잡이 방법을 알려주고 스스로 해보도록 하거나 민속놀이인 풍물놀이의 연주 기술을 알려주고 연주하도록 하는 것도 좋겠다.

1. 고기잡이 체험. 2. 마을에서 바다로 이어지는 칠면초 오솔길.

* 박석희(2001), 나의 문화관광 탐구, 백산출판사.

1

제주 서귀포
남원읍 제주동백마을

겨우내 향긋한 꽃향기 매혹

노란 감귤과 붉은 동백꽃, 빨간 먼나무 열매가 어우러져
제주도 농촌마을의 정취가 한층 돋보인다.
설촌마을은 감귤 생산이 주요 농업 소득이지만
300년이 넘은 동백나무 숲이 있어 동백마을로 더 유명세를 타고 있다.

"동백은 우리 마을 최고의 보물입니다. 사람을 불러 모으고 오다가다 줍는 열매가 짭짤한 소득도 되니 마을의 보물 맞죠?"

마을 역사보다 더 오래된 동백나무 숲이 있는 제주 서귀포 남원읍 신흥리 설촌 제주동백마을(www.jejudongbaektown.com). 바람구멍이 숭숭 난 돌담 너머로 노란 감귤이 하나둘 자취를 감출 때쯤이면 가정집 담벼락 사이로 붉은 동백꽃이 가지런히 피어오른다. 11월부터 시작된 붉은색 동백꽃 향연은 이듬해 3월까지 계속되며 동네의 색상을 바꿔놓는다.

먼저 피어난 동백꽃은 제주의 겨울바람에 몸을 떨구며 동네를 온통 붉은 꽃길로 만든다. 동백이 온 마을을 꽃동산으로 치장하면 어디서 소문을 들었는지 사람들의 발걸음이 이어져 조용했던 동네는 여기저기가 사진 찍는 소리와 웃음소리로 소란하다.

300년 동백나무 숲 마을사업 자원

동백의 계절은 동네 사람으로부터 시작된다. 9월에 이른 열매가 익어 떨어지기 시작하면 동네 아주머니들이 열매를 줍는다. 아침 산책을 하다가, 혹은 마실 길을 나서다 그저 눈에 띄면 줍는 이가 주인이다. 그래도 노다지는 수령 300년을 훌쩍 넘긴 동백나무 20여 그루가 모여 있는 동백나무 숲.

1. 동백나무 숲 산책로에 동백꽃이 떨어져 인상적인 꽃길을 만들었다. 동백꽃은 11월에서 이듬해 3월까지 핀다. 2. 동백숲 입구.

마을을 처음 세운 광산 김씨 김명환 선생이 방풍림으로 돌담 주변에 동백을 심었다고 전해진다. 400년 가까이 된 고목들도 있어 제주도 지방 기념물 제27호로 지정돼 보호를 받는 제주 동백의 상징적 장소다. 10월이 되면 수많은 열매가 떨어져 지천에 깔린다. 주민들은 시시때때로 군락지를 드나들며 열매를 줍는다.

언뜻 보면 잣과 닮았지만 훨씬 큰 동백나무 열매는 동백기름을 짜는 원료다. 예부터 동백기름을 머리에 바르거나 식용이나 약용으로 사용하며, 주민들이 가내 수공업으로 기름을 짜 팔았지만 공동 사업으로 시작한 건 2007년부터다.

마을 역사를 남기기 위해 역사지를 편찬하려고 청년회가 마을을 조사하는 과정에서 동백나무 숲의 의미를 재발견하고, 이를 이용한 마을사업을 결정했다. 청년회는 제주도청을 찾아가 마을 만들기 사업에 참여 의사를 밝히고 전문가를 초청해 마을의 자원 조사에 나섰다.

동백 열매 수매, 화장품 원료로 판매

동백마을 방앗간.

'마을에 감귤밖에 아무것도 없다'고 생각했던 청년들은 동백나무의 활용성을 발견하고 '동백고장보전연구회(이하 보전연구회)'를 발족하고 본격적인 마을사업에 뛰어들었다. 청년 5명으로 시작한 보전연구회는 마을 총회의 인정을 받으며 주민 참여로 30여 명으로 규모가 커졌다. 마을에서는 동백을 이용한 마을사업의 전권을 보전연구회에 맡기며 기대를 모아줬다.

보전연구회는 2009년 '제주형 베스트 마을 만들기 사업'에 선정돼 지원금을 받아 방앗간을 짓고 동백기름을 짜기 시작했다. 마을 주민들이 주워오는 동백을 수매해 동백기름을 짜 판매에 나선 것. 동백마을 사업 소문이 퍼지며 동백기름의 효능을 잘 알고 있었던 화장품 회사의 대량 구매 요청으로 사업 규모는 날로 성장했다.

화장품 회사의 요구량에 맞추려고 마을은 동백 열매를 선별·세척·건조·포장해 납품하는 일을 마을사업으로 전환했다. 2018년 동백 열매 판매량은 30t 규모로 매출액이 4억 원에 달해 마을사업을 시작한 지 9년 만에 40배 넘게 급성장했다.
최혜연 사무국장은 "매출액이 늘어나면 주민의 소득도 늘어나는 구조"라며 "재산을 가질 수 없는 사단법인 형태의 보전연구회가 수매가를 매년 올리는 방법으로 주민의 소득을 높이고, 나머지 수익금은 동백나무 심기 등 마을에 재투자하고 있다"고 말했다.

2019년
1월호

INTERVIEW

오동정 동백고장보전연구회 대표

동백나무 3000그루 심어 미래 300년 준비

"동백나무가 300년 동안 우리 마을을 지켜왔듯 미래 300년도 동백나무를 심어 준비하고 있습니다."
"대만의 펑리수처럼 동백기름을 제주를 대표하는 특산품으로 만들고 싶다"는 오동정 대표는 "동백나무를 마을에 많이 심는 것이 매우 중요한 마을의 단기 목표"라고 말했다.
동백마을은 마을에 틈이 있는 곳에는 동백나무를 심는다. 마을 안길과 진입로, 마을 운동장, 마을 앞을 흐르는 여운내, 과수원 돌담 주변 등 약 30㎞에 이르는 길에 동백나무 3000여 그루를 심었다.
"동백나무는 지금 심어도 30년이 자라야 한 나무에서 기름 한 병이 나올 정도"라는 오 대표는 "서두르지 않고 긴 호흡을 갖고 주민과 함께 후손을 위한 투자를 해나가고 있다"고 설명했다.
"동백기름은 식용과 약용, 화장품 원료로 쓰임새가 많아 외국에서도 주문이 들어올 정도로 원료 전쟁을 치르는 중이에요. 앞으로 수요는 더욱 늘어날 것으로 보여 마을에서도 다양한 형태의 활용 방법을 연구하고 있어요."
오 대표는 "마을에서 해마다 예산에 연구 개발비를 편성해 동백나무 활용 방안을 지속적으로 연구 중"이라며 "동백기름을 이용하는 여러 가지 체험 프로그램을 만들거나 음료와 같은 가공 제품을 개발하는 데도 예산을 투입해 마을의 6차 산업화에 큰 도움이 되고 있다"고 강조했다.

우리 마을 자원

{ 붉은 꽃길을 걷는 '동백나무 숲 생태 탐방 }

1706년 숙종 32년에 광산 김씨 가족이 마을을 세우며 방풍림으로 조성한 동백나무 숲이다. 수령 300년이 훨씬 넘는 동백나무 20여 그루가 남아 있다. 1973년 보호 가치가 인정돼 제주도 지방 기념물 제27호로 지정됐다. 집 주위 돌담을 따라 자라는 고목 주변으로 산책로가 조성돼 있다. 12~1월에는 동백꽃이 떨어져 꽃길을 이룬다.

{ 기름 냄새 고소한 '동백마을 방앗간' }

마을에서 수매한 동백 열매를 볶아 기름을 짜는 전용 방앗간이다. 동백기름만 생산하기 위해 다른 농산물을 아예 받지 않는다. 뿐만 아니라 다른 동네에서 생산하는 동백도 받지 않는다. 오직 동백마을에서 생산되는 동백만으로 순도 100%의 동백기름을 짜내는 마을 기름집인 셈이다. 작은 식당도 마련돼 있어 동백기름을 이용한 식단을 제공한다.

{ 생활 도자기를 만드는 '동백마을 공예방' }

동백마을 방앗간 앞에 도자기 공예방이 있다. 마을에 살면서 작가로 활동하는 박선희 씨가 작업실을 마련한 것. 제주도 돌담의 재료인 현무암으로 장식한 작업실에는 20년 동안 만들어온 도자기 작품을 비롯해 생활 도자기가 즐비하다. 공방을 방문하는 사람들을 대상으로 도자기 체험도 하고 있다..

{ 참기름보다 더 고소한 동백기름 }

동백기름은 직접 먹어보지 않고는 고소한 맛을 잘 모른다. 기름이 귀하고 값도 비싸 음식 조리용으로 잘 사용하지 않은 탓이다. 오래전부터 동백기름으로 음식 맛을 내온 동백마을은 열매 볶는 기술로 최고의 맛과 향을 지닌 동백기름을 누름 방식으로 짠다. 마을사업 초기에는 참기름 병에 넣어 판매했지만 최근에는 아모레퍼시픽의 도움을 받아 디자인한 전용 병에 담아 선물용으로 팔고 있다.

테마가 있는 마을 여행

제주의 맛이 살아 있는 동백 비빔밥

동백마을 먹을거리의 기본은 동백기름이다. 마을에서 생산하는 나물과 농산물을 듬뿍 넣고 동백기름을 둘러 비비면 고소한 맛과 향이 살아 있는 동백 비빔밥이 된다. 비빔밥과 함께 제공되는 동백기름 샐러드, 동백 톳밥, 집된장으로 끓인 된장국은 여행으로 지친 심신에 활력을 불어넣기에 충분하다.

내 체질에 맞는 동백 화장품 만들기

동백기름은 피부 보습 효과가 뛰어나 화장품을 만드는 데 많이 사용된다. 동백마을에서는 방문자들이 자신의 체질에 따라 동백꽃과 동백기름의 양을 조절해 기능성 화장품을 직접 만들 수 있다. 동백 열매를 볶지 않고 눌러서 짜내는 생동백기름을 이용해 페이스 오일이나 미스트, 비누 등 기능성 화장품을 만든다.

나만의 개성이 담긴 동박새 집 만들기

동백나무의 수정을 도와주는 동박새의 집을 만드는 공예 체험이다. 동박새는 동백꽃의 꿀을 좋아해 꽃이 필 무렵이면 동백꽃 주변에 몰려드는 텃새다. 마을에서 나무로 미리 만들어놓은 동박새 집에 동백나무 이야기가 담긴 채색을 하는 체험이다. 동백마을에서는 예전부터 동박새 집을 만들어 동백나무에 걸어뒀다. 동백꽃을 향해 날아들던 새들이 새집에 들어가면 출구를 막아 집 안에 들여놓고 잠시 관망하다 다시 놓아주던 놀이를 재현해 체험 상품화했다.

1. 제주의 맛이 살아 있는 동백 비빔밥. 2. 내 체질에 맞는 동백 화장품 만들기.

■ 동백기름 활용법

겨울철 동백기름은 생활필수품처럼 활용한다. 기침과 천식이 심할 때면 동백 열매를 볶아서 짠 동백기름을 약으로 먹었다. 아이에게 동백기름 한 숟가락에 물 한 숟가락을 섞어서 먹였다. 어른은 달걀 노른자위에 꿀과 동백기름을 잘 섞어서 먹으면 증상이 완화돼 큰 도움이 됐다.

음식 조리용으로도 자주 사용했는데 나물을 무치거나 전을 부칠 때도 동백기름을 이용하면 음식의 고소한 맛과 감칠맛을 낼 수 있다. 제주에서는 유난히 바람이 많아 생동백기름을 머리와 피부에 발라 건강한 피부를 유지하는 데 활용했다.

철 따라 거두는 기쁨, 맛있게 만들어 먹는 즐거움!
농촌마을에서 누리고 싶은 가장 큰 경험 아닐까
찾는 이 누구나 향기에 반하고 맛에 취하는
체험마을 10곳의 '레시피'가 궁금하다

제4부

맛있고 향기로운 농촌마을

食農

1

경기 양평
청운면 여물리팜스테이마을

장류 체험과 풍광이 도시민 유혹

산수가 수려하고 주민 인심이 좋아 붙여진 이름이 여물리이다.
경기 양평군에서 가장 동쪽에 위치해 강원도와 접경을 이룬 여물리는
나지막한 산이 많다. 마을을 가로질러 흐르는 여물천 주변에는
비옥한 농지 덕에 다양한 농산물이 생산된다. 산을 따라 형성된
크고 작은 계곡에는 수량이 풍부해 사계절 시냇물이 끊이지 않는다.

2012년부터 도농교류 사업을 시작한 여물리 마을은 수려한 자연환경을 이용한 농촌 체험과 6차 산업으로 2년 만에 1만 6000명이 다녀가는 놀라운 성장세를 보이고 있다. 양평은 서울에서 1시간 정도면 올 수 있고, 수도권 식수원으로 개발이 제한되면서 자연환경이 잘 보존되어 있어 농촌관광의 최고 적지로 꼽힌다.

자연 자원을 체험 상품으로 활용

농촌관광으로 급성장하는 여물리의 특징은 아름다운 자연환경이다. 깨끗한 1급수 물이 흐르는 여물천은 강폭이 넓고 수심이 얕아 송어 잡기와 뗏목 타기 체험 등 물놀이의 적지로 여름철이면 사람들로 붐빈다. 올해는 하천 인근에 오토캠핑장을 조성해 방문객이 마을에서 숙식하며 다양한 농촌체험을 즐길 수 있게 하여 마을 소득 향상이 기대되고 있다.

시냇물이 내려다보이는 강둑에는 체재형 주말농장 클라인가르텐 5동이 그림처럼 조성되어 있어 아름다운 풍광을 더한다. 마을 공동 소유인 클라인가르텐은 현재 1년 동안 400만 원을 받고 도시민에게 임대해 주고 있으며, 내년부터 펜션으로 운영할 계획이다. 그 옆에 단체 숙박이 가능한 마을 펜션이 자리하고 있다. 강둑을 따

1.벚꽃이 만개하여 산책 코스로 인기를 끌고 있는 여물천 둑길. 2.도시민들이 장류 체험을 통해 전통장을 담가놓은 항아리.

라 조성된 마을 외곽 도로에는 벚꽃나무가 촘촘히 심겨져 있어 봄철이면 마을이 온통 꽃동산으로 변한다.

마을 특산물 콩 장류 체험 상품으로 개발

또 다른 농촌관광 비결은 마을 특산물인 콩이다. 도농 교류를 시작하면서 몰려드는 도시민에게 제공할 독특한 체험 상품을 고민하던 주민들은 콩을 이용한 장류 체험에 주목했다. 2009년부터 고향마을에 내려와 '마음빌리지'라는 장류 체험 교육 농장을 운영하던 김미혜 위원장의 공동 사업 제안을 받아들인 것.

생콩보다 장을 담가 팔면 4배 고수익을 올릴 뿐만 아니라 마을 이미지를 높일 수 있다는 기대감으로 시작한 장류 사업은 3년째를 맞으며 고정 고객이 생길 정도로 인기다. 장류 가공 시설과 제조업 허가가 없던 여물리 마을은 장류 완제품을 판매하기보다는 도시민과 함께 장 담그기 체험을 선보였고, 자신이 직접 장을 담가서 가지고 가는 데 매력을 느낀 도시민들의 인기를 얻으며 마을 대표 체험 상품으로 자리 잡았다.

숙성 기간이 100일이 넘는 고추장과 담근 지 6개월은 지나야 깊은 맛을 내는 된장과 막장 담그기 체험은 도시민을 1년 내내 마을에 관심을 갖게 하고 다시 찾아올 수 있도록 해 재방문의 계기가 되고 있다.

마을의 특징을 잘 살려내 빠르게 성장하고 있는 여물리 마을은 올해 도시민 3만 명이 방문할 것으로 예상하고 있다. 경험이 부족해 세밀한 체험 마을 운영에 어려움을 겪는 마을 주민들은 교육에 적극 참여하고 주민들 간의 화합을 통해 농촌관광 선진 마을로의 도약을 꿈꾸고 있다.

신세계 사무간사는 "마을 방문객의 60%는 인터넷을 통해 마을에 관한 정보를 미리 알아보고 무엇을 할지 선택해서 온다"며 "(사)양평나드리와 같이 중간지원조직에 차별화된 마을 체험정보를 올려놓는 등 적극적인 홍보를 통해 방문객 3만명 시대를 준비할 생각"이라고 말했다.

2014년 5월호

사시사철 아름다운 경치를 뽐내는 여물천.

INTERVIEW

김미혜 여물리팜스테이마을 대표

"장류 특허 기술 전수로 마을 공동 소득 창출"

"동네 언니들이 장 만드는 솜씨가 좋으니 같이 장을 만들어 팔아보자고 제안했지만 선뜻 믿어주는 분들이 많지 않았어요."

여물리팜스테이마을 대표를 맡고 있는 김미혜 씨(53)는 마을 주민 13명으로부터 콩 2가마씩을 출자받고 함께 메주를 쑤고 장을 담그는 체험을 운영해 1년 만에 30만~40만 원씩을 출자 배당했다. 저염 알로에 간장과 고추장 제조법 특허를 갖고 있는 김 대표는 자신의 장류 제조 기술과 마을 주민의 전통 장 제조 경험과 손맛을 바탕으로 장류 체험 프로그램을 개발해 도시민으로부터 전국 최고라는 평가를 받았다.

"수익금을 배당하고 700만 원이 남았어요. 그 돈으로 항아리를 사서 중·고등학생 단체 체험객과 함께 장을 담가 마을에서 숙성시키고 있어요. 올가을에는 잘 익은 장을 학교 급식용으로 제공할 수 있을 것 같아요."

김 대표는 "장만들기 체험과 여물리만의 브랜드를 개발해 안정적인 마을 사람의 일자리를 만드는 것이 꿈"이라고 말했다.

우리 마을 자원

{ 팜마켓 }

마을에서 생산되는 쌀과 잡곡·수박·감자와 고추장·된장·간장 등 가공식품은 팜마켓을 통해 판매하고 있다. 66㎡(20평) 공간에는 농산물을 생산하는 주민과 지역 농산물 사진을 전시하고 있다.

클라인가르텐 1박2일 체험

도시의 일상에서 벗어나 잠시 여유를 되찾고 싶다면 시골에서 1박 2일을 지내보는 것은 어떨까? 별다른 준비 없이도 마을에서 숙식과 다양한 체험을 즐길 수 있다. 그중 먹는 즐거움이 가장 크다. 신선한 재료와 손맛이 더해져 남녀노소 누구나 좋아한다. 저녁은 무한정 제공되는 삼겹살로 바비큐 파티를 열 수 있다. 봄에는 딸기 체험이 인기인데 농장에 들어가 탐스러운 딸기를 마음껏 먹고 한 팩을 따서 가져올 수 있다. 장류 전문가가 맛깔스럽게 진행하는 고추장 담그기와 된장 만들기는 대표 체험 상품이다.

숙소 바로 앞에는 여물천이 흐르고 있고 축구장과 족구장이 잘 갖추어진 레포츠 공원이 있다. 수확 체험, 뗏목 타기, 숭어 잡기 등 체험 6가지와 3끼 식사, 숙박을 포함해 체험비는 1인당 6만 원이다.

클라인가르텐에 들어가보니 33㎡(10평) 남짓한 면적에 다락방이 있는 복층 구조로 창문을 통해 달빛이 훤히 들어왔다. 고향에 온 것 같은 평안한 느낌은 농촌이 줄 수 있는 값진 선물이다.

한 걸음 더 들어가기

마을 중간지원조직 활용하기

농촌 체험관광마을의 효율적 관리를 위한 중간지원조직의 필요성이 높아지고 있다. 경기 양평, 충남 홍성, 전북 진안 등 마을사업을 성공적으로 지속해온 지역에는 민간 또는 민관 협력 형태의 중간지원조직이 활발히 활동해 이를 뒷받침한다.

2000년 이후 본격화된 마을사업을 통해 마을 펜션과 마을 기업 등 다양한 형태의 경영체와 시설물이 마을마다 들어섰으나 농촌 인구 고령화로 일할 사람이 없어 방치되거나 활용성이 떨어지는 사례가 속출했다. 이런 농촌의 문제점을 해결하고 마을사업을 실질적인 경제 활력소로 정착시키기 위해 등장한 것이 중간지원조직이다. 농촌 마을에서 더 절실하게 필요성을 제기하고 있는 중간지원조직의 성공 사례를 살펴본다.

1. 양평농촌나드리(www.ypnadri.com)

양평농촌나드리는 민간 주도로 농촌체험 관광마을을 지원하는 중간지원조직 국내 1호다. 2006년에 설립된 양평나드리 법인에는 현재 양평군에서 농촌체험관광사업을 진행하는 30개 마을이 회원으로 참여하고 있다.

양평나드리는 방문객과 마을 사이에 위치해 정보를 제공하거나 체험마을 내부 역량을 강화하는 역할을 담당한다. 독립적으로 양평딸기축제 등 계절별 축제를 기획해 방문객을 불러 모아 마을로 분배하는 기능을 한다. 특히 마을에 필요한 해설사나 체험 지도사를 자체적으로 배출해 주민의 역량을 강화하고 컨설팅을 실시해 마을 특징을 살려주는 사업도 진행한다. 사업 자금은 공모사업 참여, 양평군 지원, 체험마을사업 순으로 조달한다.

2. 진안군마을만들기지원센터(www.jinanmaeul.com)

2001년 정부 차원의 마을사업 필요성이 제기되면서 지자체의 마을사업을 효율적으로 지원하기 위해 설립된 민관 협력체다. 진안군이 추진한 읍면 지역 개발 계획인 '으뜸마을가꾸기사업'을 적극 지원해 전국에서 마을 공동체 사업을 지원하는 성공적인 사례로 손꼽히고 있다.

이후 마을 만들기 사업이 상향식 사업으로 변하면서 관 주도에서 민 주도로 정책이 전환돼 2012년 민간 전문 기구인 진안군마을만들기지원센터로 변경됐다. 지원센터는 마을 간 네트워크를 강화하고 내부와 외부 마을과의 정보 교류를 확대해 협력을 이끌어내는 데 구심점 역할을 한다. 독립적인 협의체 기구인 마을 지구협의회, ㈔마을엔사람, 진안마을㈜가 마을 홍보와 주민 교육, 마을 운영과 정보 교류, 농산물 판매 등 독자적인 역할을 담당하며 지역에 활력을 불어넣고 있다.

1. 양평농촌나드리의 딸기축제 홍보. 2. 진안군마을만들기지원센터 인터넷 홈페이지.

전북 임실
임실치즈마을

더불어 살아가는 든든한 목장마을

'따로 또 같이' 합생(合生)의 정신을 현장에서 실현해 부농을 일궈가는 마을이 있다. 합생(concrescence)은 상황과 목적에 따라 독립성과 자율성이 유지되는 결합과 분리의 관계를 의미한다. 전북 임실치즈마을은 공동 경영체와 개별 경영체가 유기적으로 결합하여 마을 경제를 든든하게 성장시키고 있다.

2003년 농협 팜스테이와 녹색 농촌 마을로 도농 교류를 시작한 임실치즈마을은 현재 12개의 개별경영체가 마을 안에서 독립적인 경영을 유지하고 있다. 초기 2개에 불과했던 치즈와 요구르트를 만드는 주민의 목장형 유가공은 10년 만에 6개로 늘었다. 치즈를 만드는 과정과 부산물을 이용한 체험 프로그램을 제공하는 경영체도 7개가 생겨나 치즈 체험의 본고장으로서의 면모를 갖추고 있다. 마을을 찾는 방문객도 연간 8만 명을 훌쩍 넘어 11억 3000만 원의 매출을 올리고 있다.

그러나 도농 교류를 추진하는 마을이면 먼저 구성하는 마을 단위 대표 법인이 임실치즈마을에는 존재하지 않는다. 화성·중금·금당마을에 거주하면 누구나 입회와 탈퇴가 자유로운 임실치즈마을 운영위원회가 마을을 대표하고 있다. 세무서에서 고유번호증을 부여받은 마을운영위원회는 마을 공동 경영체를 운영하며 마을 단위 국고 보조사업에 사업 주체로 참여한다.

마을 공동시설 무상 임대로 개별 경영체 키워

여기까지는 여느 마을과 큰 차이가 없다. 하지만 국고 지원을 받아 설립된 시설은 마을운영위원회가 직영하기보다는 경영 능력이 있는 마을 주민에게 무상 임대해주고 독립적인 경영을 보장해 사업을 성장시키고 있다. 물론 국고보조금 상당액은 매년 일정 비율로 마을에 상환해야 하며, 매년 매출액의 5%를 마을기금에 내야 하는 의무가 따른다. 이런 과정을 거쳐 국고보조금

1.가족이 함께 치즈 만들기 체험을 하고 있다. 2.마을에서 독립적으로 운영되는 목장형 유가공 시설.

상당액이 모두 마을로 상환되고 최소 10년의 경영 기간이 지나면 마을에서 개인 명의로 재산권이 이관된다.

임실치즈마을의 개별 경영체 2호점인 피자 체험장은 지난 2009년부터 독립 경영을 시작해 매년 2만 명 이상의 방문객이 다녀가 해마다 1000만 원 이상을 마을기금에 적립하고 있다.

개별 경영체의 매출액 5%와 각종 시상금으로 적립된 임실치즈마을의 마을기금은 지난해 말로 5억 6000만 원을 넘어섰다. 기금의 규모가 커지면서 기금 관리 운영 기준도 생겼다. 마을기금은 임실치즈마을에 새로운 개별 경영체의 신설을 돕거나 기존 경영체의 경영 기반을 든든히 하는 데 밑거름이 되고 있다. 경영체의 시설 개·보수나 운영 자금으로 최대 5000만 원까지 연 3%의 저리로 지원해주고 있기 때문이다.

성공 노하우 살려 마을 출자 공공기업 발족

도농 교류를 시작한 지 만 12년을 맞은 임실치즈마을은 그동안의 성공 비결을 바탕으로 새로운 사업에 도전장을 냈다. 마을운영위원회가 대주주로 참여하는 '농업회사법인 임실치즈레인보우㈜'라는 출자 회사를 발족시킨 것.

전북도에서 추진하는 농식품 6차 산업화 지구에 지정돼 20억 원의 국비를 지원받게 되자 마을 자부담 4억 원 가운데 2억 100만 원을 마을운영위원회가 출자했다. 특히 마을 공동 수익의 50%를 차지하는 마을 직영 농축산물 판매장과 식당의 운영권을 매출액의 5%를 납부하는 조건으로 이양해 출범 초기부터 경영 기반을 확실히 갖출 수 있도록 했다. 임실치즈레인보우㈜는 마을운영위원회의 출자를 비롯해 마을 주민과 도시민들의 출자도 받아 농민과 도시민이 함께 참여하는 공공기업으로 발족할 계획이다.

임실치즈마을의 성공 이면에는 주민들 간의 양보와 인내의 공감이 있다. 1960~70

년대 헐벗었던 시기에 임실에 내려와 목회했던 지정환 신부와 심상봉 목사가 보여준 희생과 협력의 정신이 더불어 살아가는 마을 공동체로 나타나고 있다. 국내 도농교류의 성공적인 모델로 평가받는 임실치즈마을의 성공 인자(因子) 속에는 사람과 관계를 중시하는 '사람이 꽃보다 아름다운 세상'이 굳건히 자리하고 있다.

2014년 10월호

INTERVIEW

이진하 임실치즈마을 운영위원회 위원장

임실치즈마을의 정신자산을 후세와 외부에 전파

"마을운영위원회를 법인화하려던 계획을 취소하고 누구나 쉽게 들어오고 나갈 수 있도록 조직을 개방했습니다."

이진하 임실치즈마을 운영위원장은 "규제는 개인의 창의성과 자발성을 떨어뜨리므로 가능하면 문호를 열어 주민들이 스스로 마을 사업에 참여할 수 있도록 돕고 있다"고 말했다.

화성·중금·금당마을에 사는 주민이라면 누구나 회원이 될 수 있고 개인은 연간 회비 1만 5000원, 사업체는 매출액의 3~5%를 마을기금에 내도록 규정하고 있으나 그것마저도 주민의 자율에 맡기고 있다.

"마을 공동 사업의 목적이 이윤 추구보다는 더불어 살아가는 공동체 구현"이라는 이 위원장은 "주민 의식이 높아지면 조직이 안정되고 개인의 능력과 자발성이 발현돼 공동체를 성장시키는 선순환 과정을 일으킨다"고 말했다.

"주민들의 섬김과 희생의 정신을 유지·보전하고 후대에 이어주는 것이 최대의 과제"라는 이 위원장은 "주민 교육과 외부에 마을의 정신자산을 알리는 일을 담당할 마을연구소를 만들고 싶다"고 희망을 밝혔다.

우리 마을 자원

{ 목장형 유가공 마을 기업 }

최근 유럽풍의 목장형 유가공 시설 6곳이 마을 곳곳에 들어서 마을 경관을 바꾸고 있다. 목장형 유가공 시설에는 가족 단위로 운영할 수 있는 치즈와 요구르트 생산 시설이 설치돼 있다. 이들 시설은 자체로 유제품을 생산해 판로를 개척하거나 방문객을 유치해 치즈와 관련된 체험 프로그램을 개발해 운영하기도 한다.

◀ 이플 유가공의 치즈와 요구르트.

{ '이플'의 목장형 유가공 치즈 숙성실 }

임실치즈마을의 기원이 된 숲골유가공과 함께 가장 먼저 생긴 개별 경영체이다. '이플'은 청순하고 소박하다는 의미로 고품질의 치즈와 요구르트를 만들어 전국의 고속도로 휴게소에 납품하고 있다. 모차렐라치즈로 찢어 먹는 치즈를 국내 처음으로 개발해 관심을 받기도 했다. 국내 치즈 가공 1세대로 치즈 생산 기술과 가공 기계를 개발 · 보급하는 데도 앞장서고 있다. 직접 손으로 치즈를 만들어볼 수 있는 체험장을 운영하고 있다.

{ 도시민에게 인기 있는 피자 체험장 }

임실치즈마을운영위원회가 지난 2009년 국비를 지원받아 마을에 설립해 마을 주민에게 무상 임대한 개별 경영체 2호점이다. 개장 초기에는 '누가 촌에 피자를 먹으러 올까?' 걱정이 많았지만 지금은 연간 2만 명의 치즈피자 체험객이 다녀가는 대표적인 마을의 명소가 됐다. 설립 초기 지원받은 1억 5000만 원의 국고보조금 가운데 5000만 원을 마을에 상환해 5년 뒤에는 사업장의 재산권이 마을운영위원회에서 개별 경영체로 이관될 계획이다.

{ 전문가 진단 }

임실치즈마을 이미지 분석과 활용 *

임실치즈마을을 방문한 방문객을 대상으로 마을 이미지를 평가했다. 마을 이미지는 도시민이 방문할 마을을 선택하는 데 결정적인 영향을 미치는 중요한 요소이다. 마을 이미지는 눈에 보이고 실체가 있는 인지적 요소와 감성적으로 느끼는 정서적 이미지로 구성된다. 인지적 이미지는 활동교육성과 시설편의성, 마을체험성, 마을환경성으로 나눠봤다. 또 정서적 이미지는 전통성과 정감성, 역동성, 평온성으로 구분했다.

임실치즈마을의 이미지 평가에서 인지적 이미지 부분의 마을체험성·환경성은 비교적 높은 평가를 받았지만 활동교육성과 시설편의성은 상대적으로 낮았다. 이는 방문객이 마을에서 치즈 체험과 피자 체험 등 체험 활동에서 긍정적인 평가를 한 반면 쉬는 공간이나 숙박·놀이 시설, 교육적 효과 등에서는 부족하다는 인식을 한 것으로 분석된다.

마을을 방문해 감성적으로 느끼는 정서적 이미지 분야에서는 정감성과 역동성, 평온성 등이 고루 높게 나타나지만 전통성은 상대적으로 낮았다. 깨끗하게 정비된 마을 환경과 이국적인 풍치를 보이는 목가적 풍경이 방문객에게 정서적인 안정감을 준 것으로 보인다. 다만, 치즈라는 서구 음식을 주제로 구성된 마을 체험이 전통성과 배치되는 인상을 준 것으로 보인다.

따라서 임실치즈마을은 현재의 이미지 소구력이 높은 마을체험성·환경성을 유지하되, 체험 내용에 교육적 가치를 높일 필요가 있다. 또 체험 후의 휴식 공간이나 이동 시간에 마을의 장점인 정감성과 평온성을 살린 마을경관을 이용한 정서적 프로그램을 강화하는 대안이 요구된다.

농촌관광마을 이미지 구성요소	
인지적 이미지	정서적 이미지
활동교육성	평온성
시설편의성	역동성
마을체험성	정감성
마을환경성	전통성

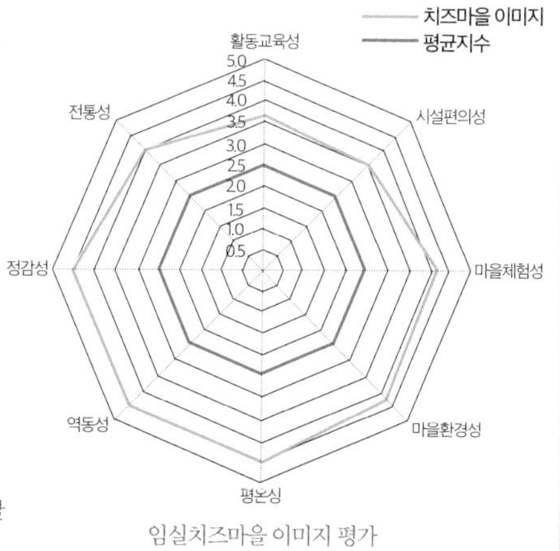

임실치즈마을 이미지 평가

* 김용기(2010), 농촌관광마을 이미지 측정척도(SRTI) 개발 및 적용. 경기대학교 대학원 박사학위 청구논문.

경기 파주
적성면 산머루마을

와인으로 문화 시장 개척에 도전

경기 4악 중 가장 빼어난 경치를 지닌 감악산의 북서쪽에 있는 작은 마을 객현리는 더 이상 작은 마을이 아니다. 한 해 동안 20만 명의 내외국인이 다녀가는 수도권 인근에서는 잘 알려진 농촌관광의 명소가 됐다. 6만 명이나 다녀가는 중국과 동남아 관광객은 마을의 새로운 미래를 열어줄 비전을 제시하고 있다.

인구 300명의 작은 마을, 특히 낙농과 축산업을 주로 하던 경기 파주 적성면 객현리 마을이 농촌관광에 눈을 뜬 것은 머루 덕분이다. 이 마을은 뒤로는 감악산이 있고 앞으로는 임진강이 흘러 농사짓기에는 좋은 환경을 가지고 있지만 토질이 좋지 않아 일찍부터 축산업이 발달했다. 감악산에서 흘러내린 흙으로 조성된 토양은 잔돌이 많고 척박해 적합한 농작물을 찾기 어려웠다. 하지만 수도권과 40km 정도로 가까워 토질에 영향을 덜 받는 축산업이 자연스럽게 발달해 마을의 주요 소득원으로 자리를 잡았다.

축산업의 발달로 양질의 퇴비를 생산하게 됐고, 점차 밭농사가 발달하게 됐다. 이 마을 출신으로 머루에 관심을 보였던 서우석 전 대표는 35년 전부터 감악산에서 직접 채취한 머루를 심기 시작했다. 처음에는 반신반의하던 주민들도 하나둘 머루에 관심을 보였고, 이제는 20ha를 재배하는 주요 작물이 됐다. 머루를 재배하는 마을 주민들은 판로 확보와 가공산업에 관심을 보여 영농조합법인을 결성해 머루와인 가공에 눈을 돌렸다. 이는 대표적인 6차 산업으로 소개되며 이제는 마을을 알리는 상징적인 산업이 됐다.

2개 법인과 마을회 연계해 체험 상품 개발

머루 재배가 외부에 알려지면서 마을 이름은 자연히 산머루마을이 됐고, 머루를 소재로 한 다양한 농촌체험 상품도 운영되고 있다. 2001년 산림청의 산촌종합개발사업으로 농촌관광사업을 시작한 산머루마을은 정보화마을사업, 농협의 팜스테이마을 선정, 경기도의

1. 마을에서 생산한 머루와인은 참나무통에 담겨 지하 10m의 저장고에서 숙성과정을 거친다. 2. 수확기를 맞아 익어가고 있는 산머루.

마을에서 운영하고 있는 파주치즈스쿨에서 방문객들이 송아지에게 우유를 먹이고 있다.

체재형 주말농장 사업, 푸른농촌 희망찾기 사업 등의 지원을 받으며 펜션과 농촌체험장을 갖춘 마을로 성장했다. 2014년에는 접경지 지원 사업을 유치해 마을 커뮤니티센터를 완공하고 현대식 음식체험 공간과 넓은 주차장을 확보해 농촌관광 마을로서 제2의 도약을 준비하고 있다. 2014년 세월호 침몰과 2015년 중동호흡기증후군(메르스) 여파로 마을을 찾는 관광객이 크게 줄었지만 오히려 마을 주민들의 결속을 다지고 조직과 시설을 확충하는 계기가 됐다.

산머루마을은 현재 농업회사 법인 파주치즈스쿨, 산머루농원영농조합법인 등 2개의 법인이 농촌관광의 핵심 사업장 역할을 한다. 두 법인의 자체적인 관광객 유치 활동과 체험상품 개발에 힘입어 마을 관광이 이뤄졌지만 정작 마을을 대표하는 조직은 갖춰져 있지 않아 두 법인의 연계나 보완 상품 개발이 원활하지 않은 아쉬움이 있었다. 하지만 2015년 6월 마을 커뮤니티센터가 들어서며 마을회 중심의 대표법인 출범을 준비하고 있어 농촌관광의 실익이 마을 전체 주민들로 확산할 계기를 맞게 됐다.

감악산 둘레길 마을 통과로 방문객 증가 전망

마을을 대표하는 2개의 주작물인 축산과 머루 재배·가공 사업이 새로 탄생할 마을 대표법인을 통해 융합·보완되어 수도권의 가장 활발한 농촌관광 마을로 성장할 기대를 모으고 있다. 마을 법인은 마을 내 가장 강력한 농촌관광 상품인 머루 와이너리 투어와 마을의 낙농업을 기반으로 한 파주치즈스쿨을 주민들의 농장이나 목장과 연계해 새로운 체험 프로그램으로 개발해 운영할 생각이다. 특히 마을에 새로 들어선 커뮤니티센터의 현대식 체험장과 감악산 숲에 조성된 마을 펜션을 적극적으로 활용해 당일 및 숙박 코스를 개발하여 수도권 농촌체험 시장을 잡는다는 복안을 세워두고 있다.

마을 앞을 지나가는 국도 37호선의 확장 포장사업이 마무리되고 2014년부터 시작된 감악산 둘레길이 마을을 지나가게 되면 마을 방문객 30만 명 시대를 열 것으로 전망하고 있다.

2015년
11월호

INTERVIEW

김정대 산머루마을 대표

건강식품에 웰빙 더해 수도권 실버층 공략

"70~80대 수도권 은퇴자들이 쉼과 건강을 위해 찾아오는 마을로 만들고 싶어요."

앞으로는 노후 설계가 잘되어 여유 있는 은퇴자가 늘어나는 시대가 곧 올 것으로 예상하는 김정대 산머루마을 대표는 "부유한 실버 세대를 맞을 준비를 해 나갈 계획"이라고 강조했다.

김 대표는 "파주 하면 판문점, 비무장지대(DMZ), 땅굴 등 안보 관광지가 많지만 우리 마을은 경쟁력이 약한 상태"라며 "감악산 둘레길과 임진강 등 상대적으로 경쟁 우위에 있는 자연과 건강을 테마로 실버 세대의 마음을 얻을 것"이라고 말했다.

파주와 연천, 양주 등 3개 시·군이 공동으로 조성하고 있는 감악산 둘레길이 완성되면 본선이 유일하게 마을을 지나가고, 마을 앞을 지나는 국도 37호선이 4차선으로 넓어지면 산머루마을이 걷기족들의 출발지로 활용될 가능성이 매우 높다.

김 대표는 "서울에서 1시간 거리에 실버 계층의 건강에 좋은 붉은색의 보물 머루와 양질의 단백질 우유와 치즈, 그리고 감악산의 청정 숲길이 고루 갖춰져 있는 것은 우리 마을 최고의 장점"이라며 "다양한 건강 프로그램을 만들어 노년층의 선택을 받겠다"고 말했다.

우리 마을 자원

{ 머루 와이너리 투어 }

마을에 조성된 농장에서 머루를 직접 수확해 머루와인을 만들어보는 과정이다. 머루와인 제조 과정의 핵심인 오크통에서 익어가는 과정을 땅속 10m의 터널식 저장고에서 볼 수 있다. 잘 익은 머루와인을 마셔 보고 간단한 와인 상식도 배우는 오감 만족 체험이다.

{ 치즈피자 만들기 }

마을의 낙농가가 생산한 우유를 이용해 치즈를 만드는 과정을 체험한다. 직접 만든 치즈를 우리 쌀로 만든 피자 도우에 위에 올리고 고구마와 같은 재료와 조리해 맛있는 나만의 치즈를 만들어 먹는다. 직접 만든 치즈 200g을 가져갈 수 있다.

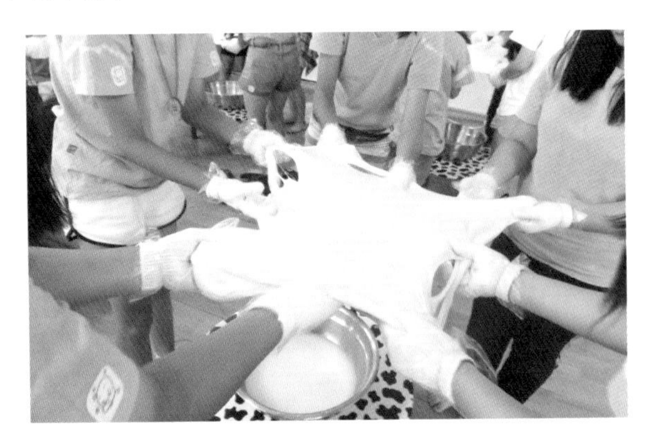

테마가 있는 마을 여행

산머루마을 문화상품 따라잡기

세상에 하나밖에 없는 '**나만의 머루와인**'을 만들어 기념품으로 가져가는 문화상품이다.

1. '나만의 상표' 기념사진 촬영
산머루마을을 방문한 관광객이 마을 방문 기념사진을 찍어 '나만의 와인병'에 붙일 상표로 쓴다.

2. 머루와인 터널 투어
지하 10m 깊이에 70m 길이로 조성된 와인 저장터널을 둘러보며 머루와인의 숙성 과정과 와인에 대한 재미있는 해설을 듣는다.

3. 머루와인 담기
머루와인을 제조하는 공장에 마련된 와인 시음장 오크통에서 잘 숙성된 와인을 옮겨 미리 만들어 놓은 와인병에 담는다.

4. 머루와인 코르크 마개 닫기
와인을 담은 병에 코르크 마개를 직접 닫아 밀봉한다.

5. 머루와인 수축 필름 붙이기
코르크 마개를 닫은 와인병의 입구에 수축 필름을 씌워 열기구로 포장해 정품으로서의 모양을 갖춘다.

6. 나만의 상표 붙이기
앞서 촬영한 마을 방문 기념사진을 상표로 만들어 와인병에 붙여 '나만의 와인'을 완성한다.

전북 완주
고산면 창포마을

자연에서 오감의 즐거움을 찾는다

망초 · 달맞이 · 명아주, 이게 먹는 것일까? 고개를 갸웃하게 하지만 입에 넣는 순간 자연이 주는 신선한 맛의 매력에 빠져든다. 조미료 없이 담백하게 무친 자연을 담은 나물을 골고루 넣고 비벼 먹는 '들녘밥상'이 주는 즐거움은 단순한 한 끼의 밥이 아니다. 인스턴트식품에 밀려 눈에 보이지 않던 자연의 맛을 회복하는 순간이다.

우리나라 로컬 푸드의 원조인 전북 완주에 있는 고산면 소향리 창포마을에는 마을 식당이 있다. 주민 손으로 직접 채취하고, 말리고, 요리한 마을식당의 대표 식단이 들녘밥상이다. 해마다 3~5월 봄철은 마을 주민에게는 가장 바쁜 계절이다. 한 해의 농사를 시작하는 시기이기도 하지만 시간을 쪼개어 마을 주변의 산야를 두루 다니며 들녘밥상의 재료를 채취하기 때문이다.

들녘밥상에는 우리에게 익숙하지 않은 나물이 11가지나 들어간다. 재배하는 나물도 있지만 대부분 자연 속에서 채취하는 토속나물이다. 주민들은 연한 순이 나오는 봄철에 나물을 채취해 삶아서 말려놓고 1년 동안 들녘밥상을 제공한다.

'자연 속에서 자연과 함께 자란 자연을 비비는 식단'이란 의미로 이름 붙인 들녘밥상은 내놓자마자 세간의 관심을 끌어 마을의 효자 상품이 됐다. 인근 전주를 비롯해 서울과 대전에서도 들녘밥상을 먹으려고 오는 사람들이 늘어나며 마을에 활력을 더하고 있다.

창포마을의 자연이 주는 세 가지 보물

창포마을에는 자연이 주는 세 가지 보물이 더 있다. 삼국시대까지 기원이 거슬러 올라가는 다듬이로 연주하는 다듬이할머니연주단, 토종 창포인 석창포 재배지, 그리고 진상품 '완주곶감'이 그것이다. 지난 2008년 마을 공동 사업을 시작하면서 마을 주민들이 할 수 있는 공연을 찾다 발견한 것이 다듬이 연주다. 다듬이로 무슨 연주를 할까? 반신반의하면서 시작한 공연은 이젠 전국적

1. 창포마을 한옥생활체험관은 마을식당과 객실이 있어 마을에서 가장 붐비는 장소이자 마을 랜드마크다. 2. 가족 방문객들이 아이들과 함께 곶감을 만들기 위해 감을 깎고 있다.

창포마을의 들녘밥상에는 망초와 명아주 등 11가지 토속나물이 나온다.

으로 널리 알려진 마을을 대표하는 문화 콘텐츠가 됐다. 60~88세 주민들로 구성된 다듬이할머니연주단은 2기까지 조직해 활동하고 있다. 마을에서는 다듬이 소리를 국가 무형 문화재로 등재하는 일을 추진하고 있다.

토종 창포 군락지가 있는 창포마을에서는 5월이면 단오축제가 열린다. 마을에서 생산된 석창포를 이용해 창포물에 머리를 감는 프로그램을 중심으로 단오의 전통 행사를 재현하는 축제를 마을 자체 예산으로 진행한다. 창포물에 머리를 감으며 한 해의 건강을 소망했던 선조의 정신을 살려 석창포를 이용한 건강 기능 식품 개발도 추진하고 있다. 한약재 석창포가 총명탕의 주요 원료로 사용되는 점에 착안해 석창포차를 개발하는 사업을 지역 업체와 추진해 상당한 성과를 거두고 있다.

3대가 함께 사는 행복한 공동체 지향

창포마을이 마을 공동 사업을 성공적으로 진행할 수 있는 원동력은 주민과의 끊임없는 교류와 협력이다.

마을에는 2개 영농조합법인이 활동하고 있다. 마을의 대표 법인인 창포마을영농조합법인은 마을식당과 체험·휴양마을을 운영한다. 또 다른 법인 창포랑전통식품영농조합법인은 떡과 양파즙 등 마을에서 생산되는 농·특산물 가공을 담당한다. 창포영농조합법인에는 마을 218가구 중에서 64가구가 조합원으로 참여하고 있다. 마을에서 운영하는 식당과 법인에는 10여 명의 주민이 직원 신분으로 일하며 연간 3억 원의 매출을 올리고 있다.

권역단위종합개발사업과 전북도의 슬로푸드사업의 대상지로 선정된 창포마을은

'자연 속에서의 힐링(healing)을 넘어 힐빙(heal-being)으로'라는 마을 테마를 정하고 휴양 치유 시설도 추진하고 있다. 지역의 청정한 자연환경과 잘 어울리고 건강 기능성을 갖춘 전통 방식의 건축물로 구성된 아토피치유센터를 설치해 건강 마을로 발전할 구체적인 계획을 진행하고 있다.
마을을 찾는 방문객에게는 깨끗한 자연 속에서 생활하며 자연 밥상을 통해 건강을 회복하게 하고, 마을에는 건강한 먹을거리와 건강 기능성 서비스를 제공해 안정적인 수익을 올리는 건강 마을을 지향하고 있다.

2016년 9월호

INTERVIEW

유승진 창포마을 대표

신윤복의 풍속화를 옮겨놓은 창포마을 꿈꿔

"조선 후기 풍속화가 신윤복의 그림에 등장하는 단오에 행했던 민속놀이를 소재로 축제를 열고 싶어요."
유승진 창포마을 대표는 "창포마을에 가장 잘 어울리는 콘텐츠가 단오놀이"라며 "2009년 1회를 개최하고 중단했던 단오축제를 올해 다시 열었다"고 강조했다.
"단오는 먹을거리와 놀 거리, 그리고 현대인의 최대 관심사인 건강에 대한 염원이 담긴 우리 민족 절기의 종합판"이라는 유 대표는 "신윤복의 그림을 모티브로 삼아 다양한 민속놀이를 한자리에서 즐길 수 있는 마을 축제로 발전시키고 싶다"고 말했다. 전주와 대전 등 대도시에 가깝고 자연자원도 탁월해 단오 절기를 잘 활용해 6차 산업을 발전시키면 머묾과 치유 그리고 지속 가능성을 충족하는 마을이 될 것이라고 밝혔다.
10년 전 창포마을이 마을 공동 사업을 시작할 때부터 마을 사무장을 맡아 주민들을 이끌어온 유 대표는 마을의 성장 과정에 기여한 공로를 인정받아 2016년 7월 도농교류 부문 대통령상을 받았다.

우리 마을 자원

{ 들녘밥상 }

마을 주변에서 재배하거나 자연에서 자라는 토속나물을 채취해 비빔밥 재료로 제공한다. 오가피, 취나물, 망초, 명아주, 당귀, 고사리, 버섯류, 매실, 호박고지 등 11가지 묵나물로 만든다. 들녘밥상을 받아들면 요리사인 주민이 직접 나물의 특징을 설명하며 먹는 방법을 알려주는 것도 이색적이다.

{ 감따기와 곶감깎기 }

가을철 감이 익어가는 창포마을은 하늘의 은하수를 보는 것처럼 아름다운 전경을 선사한다. 집집이 한두 그루씩 있는 감나무에 달린 노란 감을 장대로 따서 먹어보는 경험은 최고의 자연의 맛이다. 감을 깎아 처마 밑에 걸어놓은 곶감 타래는 깊어가는 가을의 정취를 더한다. 마음이 끌리면 곶감을 만들기 위해 감을 깎아 보는 체험을 할 수도 있다.

{ 다듬이할머니 공연 }

우리 민족의 듣기 좋은 소리 삼희성(三喜聲) 중 하나로 꼽히는 청아한 다듬이 소리를 연주한다. 동네 어르신 6명이 한 팀이 돼 다듬이 소리로 여인의 일생을 노래한다. 국악피아니스트 임동창 선생과 협연하며 마당극 완주아리랑을 창작해 예술로 승화했다. 창작극은 30~60분 동안 진행되며 6인조, 8인조, 18인조 공연이 있다.

{ 창포물에 머리 감기 }

5월 단오에 열리는 단오축제의 체험 프로그램이다. 마을에서 생산하는 토종 석창포를 달인 물에 머리를 감는 전통문화 체험이다. 마을에는 2농가가 3300㎡ 규모에 석창포를 재배한다. 석창포 원물이나 고온에서 달인 석창포물, 석창포 가루를 특산물로 판매하고 있다.

{ 들꽃의 천국 대아수목원 }

창포마을 인근에는 만경강의 시발점이 되는 대아저수지가 있어 경치가 아름답다. 저수지의 구불구불한 길을 오르면 대아수목원과 만난다. 국립 수목원인 대아수목원에는 금낭화 자생 군락지 등 2600여 종의 식물종이 보호되고 있다. 열대식물과 테마식물원이 있으며, 뒷산으로 오르는 산책 코스를 걸으면 다양한 들꽃을 만날 수 있다.

{ 전문가 진단 }

푸드투어리즘 올라타기

요즘 농촌 지역에는 전통 음식이나 자연 음식을 제공하는 농가 맛집이나 마을식당이 많이 들어서 있다. 먹을거리의 중요성이 커지며 질 좋은 안전한 먹을거리를 추구하는 도시민의 선호도가 높아 농촌의 새로운 소득원으로 인기다. 농촌마을의 청정한 자연에서 휴식을 즐기며 안전한 먹을거리를 찾아가 먹어보는 푸드투어리즘 현상은 농촌관광의 또 하나의 트렌드로 등장했다. 하지만 농촌마을이 푸드투어리즘을 기회로 삼으려면 몇 가지 중요한 전제 조건이 있다.

창포정식.

01 1~3차를 유기적으로 결합하자

마을에서 시골 밥상만 제공하는 것으로는 부족하다. 1차 재료 생산, 2차 식품 및 가공, 3차 식문화 서비스를 동시에 진행해야 한다. 지역의 환경적 특성에 가장 잘 맞아서 품질이 우수하면서도 가공할 수 있는 향토 식자원을 뽑아내야 한다. 아울러 체험과 교육 프로그램, 축제 요소를 지닌 식문화를 갖춰야 한다.

02 참여자의 역할을 구분하자

마을 주민을 생산, 가공, 식문화 서비스 제공 등 분야별로 분류해 전문성을 높여야 한다. 또 요즘 지자체 등에서도 요리·제과 등 마을 단위 전문가 교육이나 고유 레시피 개발을 지원하는 사례가 많은 만큼 이를 잘 활용해야 한다. 관련 자격증 취득은 소비자 신뢰의 기본이며 일관된 맛과 효능을 유지하는 데 필수다.

03 테마를 분명히 하자

안동간고등어, 보성녹차, 청도반시 등은 지역의 향토 식자원을 개발해 지역 브랜드로 성공한 사례다. 작은 마을 단위로 시작하더라도 지역 브랜드로의 확장 가능성을 염두에 두고 식자원을 개발해야 한다. 느리더라도 지속적인 성장을 위해서는 마을의 특징을 살린 테마를 설정하고 식문화를 만들어가는 노력이 필요하다.

충북 영동
양산면 비단강숲마을

비단강 따라 와인 향기가 머무르다

비단강은 금강(錦江)을 풀어놓은 우리말 표현이다. 비단만큼이나 보드랍고 아름다운 자연이 흐르는 마을이란 의미를 담고 있다. 비단강숲마을은 이 비단강을 사이에 두고 둘로 나뉘어 있다. 두 마을을 연결하는 나지막한 수침교 위에 서면 왜 비단강이라 불리는지 설명이 필요 없을 만큼 아름다운 경관에 빠져든다.

비단강숲마을은 2007년 녹색농촌체험마을, 2008년 정보화마을, 2009년 농협팜스테이마을로 잇달아 선정되며 농촌관광 마을로 화려하게 출발했다. 마을에서 생산하는 농산물이 다양하고 주변 자연경관이 아름다워 도농교류 4년 만에 연간 1만 명의 도시민이 다녀가는 유명한 마을로 성장했다. 마을 전체 주민 60여 가구 가운데 48가구가 마을 대표 법인인 비단강숲마을법인에 출자를 하는 뜨거운 열의가 마을 성장의 밑거름이 됐다.

마을 주민들이 최소 50만 원의 출자금을 내서 만든 비단강숲마을법인은 마을 앞산인 봉화산의 봉수대까지 옛길을 복원하고 봉수대를 재건하는 등 마을의 옛 모습을 되찾는 데 힘을 모았다. 특히 걸어서 건널 수 있을 만큼 물 높이가 낮은 마을 앞 비단강을 활용해 여름철 물놀이 프로그램을 개발하면서 도시민의 여름철 휴양 장소로도 유명세를 탔다. 옛날 전북 무주에서 벌목한 나무를 금강을 통해 실어 나르던 배인 통대나무 뗏목을 복원해 강을 누비는 '통대나무 뗏목 체험'은 마을의 대표적인 여름철 체험으로, 청소년과 가족 단위 방문객이 가장 좋아하는 체험거리다.

'나만의 와인 만들기' 와인투어의 필수 코스

나만의 와인 만들기는 청장년층을 대상으로 개발한 체험이다. 마을에 조성된 포도밭에서 직접 채취한 포도를 이용해 나만의 와인을 만들어보는 체험은 영동 와인투어의 백미다. 포도가 영그는 8월 초순에서 10월 초까지 계속되는 와인 체험은 코레일과 연계한 영동 와인투어를 통해 전국적인 농촌관광

1. 마을을 찾은 아이들이 포도밭에서 포도를 따며 수확의 즐거움을 맛보고 있다. 2. 금강 변에 위치한 비단강숲마을 복합체험관에는 펜션과 방갈로, 와인 체험장, 마을 식당 등 도농교류 시설이 마련돼 있다.

1. 충북 영동에는 코레일이 운영하는 와인트레인을 통해 한 해 10만 명의 도시민이 다녀간다. 2. 10월에 열리는 영동 와인축제를 방문한 외국인 관광객.

상품으로 널리 알려졌다.

영동군과 코레일이 함께 운영하는 와인트레인은 일주일에 2회 운영되며 영동을 방문한 도시민들이 비단강숲마을 등 농가형 와이너리를 방문해 체험에 참여하면서 더욱 활성화되고 있다. 와인 트레인이 없는 날에는 개별 여행사와 비단강숲마을이 연계한 다양한 와인투어가 활발하게 진행되며, 방문객이 와인을 직접 만들어 집으로 가져가는 '나만의 와인 만들기' 프로그램은 와인투어의 필수 코스로 자리 잡았다.

'마을 10년 계획' 해마다 수정 보완

비단강숲마을은 해마다 연말과 연초에 마을의 10년 계획을 세우는 데 노력을 집중한다. 한 해 동안 이룬 과정을 되돌아보고 새로운 목표를 정해 마을의 10년 계획을 수정하는 것. 이 과정은 마을의 한 해 결산과 배당, 다음해 예산 수립과도 밀접한 관계가 있어 주민의 관심이 높다. 비단강숲마을은 해마다 출자금액의 5% 정도를 배당한다. 정부의 지원을 받는 마을의 신규 사업이 있을 때는 자부담 금액을 우선 떼어놓고 배당금액을 결정해야 하기 때문이다.

이런 방식으로 이룬 성과는 마을 곳곳에 남아 있다. 마을 앞산인 봉화산 정상에 있는 봉수대를 마을복합체험관에 옮겨 재현해 놓은 것을 비롯해 봉수대축제 운영, 펜션형 방갈로 건축, 마을펜션 파고라 설치 등 다양하다. 현재는 주민의 고령화로 생겨나는 휴경지에 유채나 메밀을 심어 생태체험 공원을 만드는 일을 추진하고 있다.

■ 비단강숲마을 10년 계획

- 휴경농지에 유채와 메밀 식재, 생태체험 공원 조성
- 자전거 트레킹 코스 개발
- 봉화산 행글라이더 활공장 조성과 전국대회 유치
- 소나무 삼림욕장 조성
- 가람마을 진입로 꽃길 만들기
- 봉화산 집라인 설치와 운영
- 귀농·귀촌 센터 건립
- 수상 레포츠타운 형성

금강에서 아이들이 통대나무를 엮어 만든 뗏목을 타고 있다.

2016년 11월호

INTERVIEW

정재운 비단강숲마을 대표

마을 정착 도울 귀농·귀촌 지원센터 설립 추진

"마을 주민만으로는 도농교류 사업을 발전시킬 수 없습니다. 젊은 사람이 마을로 들어오도록 적극적으로 지원해야 합니다."

정재운 비단강숲마을 대표는 "나도 30년 전에 귀농한 도시민"이라며 "마을에서 살아보고 정이 들면 정착하도록 지원하는 체계를 빨리 갖춰야 한다"고 강조했다.

비단강숲마을은 영동군 귀농 · 귀촌 사업과 연계해 농촌마을 정착을 소개하는 견학 마을로 적극 활용되며, 이런 프로그램을 통해 두 가구의 도시민이 마을에 정착해 마을에서 농사를 짓거나 마을 일을 도우며 제2의 인생을 시작하고 있다.

정 대표는 "마을 주민의 연령이 너무 많아서 더 이상 마을 일에 참여하기 어려운 현실"이라며 "도시에서 은퇴하고 농촌에 정착하는 귀농·귀촌인은 자신의 경험과 전문 지식을 활용해 농촌에서 할 일이 많아 이들을 유치하는 데 적극적으로 앞장서고 있다"고 말했다.

"비단강숲마을은 아름다운 환경을 갖고 있고, 포도를 비롯한 다양한 과일이 생산돼 휴양과 고부가 가치 농사에 적지"라는 정 대표는 "마을에 귀농 · 귀촌 지원센터를 설립해 도시민이 일정 기간 살아보고 정착하도록 돕고 싶다"고 강조했다.

나만의 와인 만들기

맛과 향이 우수한 포도주를 만들려면 2개월이라는 긴 시간이 걸린다. 마을에서는 1차 과정을 진행하고, 만든 것을 체험객이 가정으로 가지고 가서 2차 과정을 진행하도록 한다.

{ 마을에서의 작업 }

1. 포도 따기 포도밭에서 잘 익은 포도를 골라 수확한다. 포도송이에서 포도 알을 떼어내고 이물질을 제거한다. 750㎖들이 포도주 한 병을 만들려면 포도 1㎏이 필요해 적당한 양의 포도 원물을 확보한다.

2. 으깨기 포도 알을 손으로 가볍게 주물러 내용물과 껍질을 분리한다. 너무 세게 주무르면 과육이 뭉개져 포도주 색이 탁해지므로 주의해야 한다.

3. 당도 확인과 보당 포도는 당도가 20브릭스 이상 되는 것이 좋다. 당도를 측정해 적당한 당도가 안 나오면 설탕을 섞는다. 일반적으로는 포도 10㎏에 설탕 1㎏을 첨가한다.

4. 효모 첨가와 혼합 와인용 효모를 첨가하면 발효를 촉진한다. 포도 10㎏에 효모 2g 정도가 적당하다. 효모를 넣은 후 포도와 설탕을 잘 섞는다.

5. 발효 용기에 넣기 혼합한 포도를 플라스틱 용기에 담아 보관하되, 발효 과정에서 생성되는 탄산가스가 잘 빠지도록 느슨하게 조여 놓는다. 이 상태로 자신이 직접 만든 나만의 와인을 집으로 가지고 간다.

{ 집에서의 후속 작업 }

6. 1차 발효 20℃ 정도의 그늘에서 약 15일 발효한다. 1차 발효 기간에 병 속에 든 껍질이 마르지 않도록 하루에 한두 번 가볍게 흔든다.

7. 거르기 발효가 끝나면 탄산가스 배출이 멈춘다. 뚜껑을 열고 포도주 위에 떠 있는 껍질을 걸러내 고운 천으로 짜낸다. 발효된 포도주는 발효용기가 아닌 다른 용기에 담아 냉장고에 보관한다.

8. 2차 발효 병에 담긴 1차 발효 포도주를 빛이 들지 않는 서늘한 곳이나 냉장고에 1개월 정도 보관한다. 탄산가스가 발생할 수 있으므로 뚜껑을 너무 세게 조이지 않는다.

9. 침전물 제거와 숙성 2차 발효 기간이 지나면 병 윗부분의 맑은 포도주를 조심스럽게 다른 용기에 담아 숙성에 들어간다. 15℃ 이하의 빛이 들지 않는 서늘한 곳에서 2개월 이상 밀봉해 보관한다.

10. 병입과 포장 숙성이 끝난 포도주는 별도의 병에 넣어 보관한다. 나만의 포도주 라벨을 제작해 붙여놓으면 선물용으로 제격이다. 먹을 때는 입맛에 따라 꿀 등 당을 첨가하면 더욱 부드러워진다.

한 걸음 더 들어가기

영동군 와인 6차 산업 현장

충북 영동군은 2015년에 와인특구로 지정됐다. 영동군의 포도 생산량은 3만t으로 전국 생산량의 11%에 이른다. 농업인은 포도의 생산·가공·유통에 축제와 여행 등 문화를 덧입히는 6차 산업화로 연간 10만 명의 관광객을 끌어들인다. 농업인과 군청, 영동대학교는 협력해 와인 문화 상품의 가치를 높인다.

1. 농가형 와이너리

영동군에는 농가형 와이너리 39개와 기업형 와이너리 1개 등 40개의 와이너리가 있다. 농가형 와이너리는 직접 생산한 포도로 다양한 맛의 수제 와인을 만들어 판매하는 형태로 농외소득을 올린다. 영동군은 농가형 와이너리의 주류제조 면허 취득을 돕고 와인 1kℓ 생산 시설을 지원한다.

2. 와인 아카데미

농가형 와이너리 창업을 지원하는 학습 과정이다. 영동대학교의 와인발효·식음료서비스학과의 협력을 받아 와인 제조에 관한 전문적인 기술을 배우도록 8개월 과정으로 운영된다. 포도 농가를 우선 선발한다.

3. 와인 트레인

충북 영동군과 코레일이 함께 만든 와인을 테마로 한 관광 상품이다. 2006년부터 매주 2회 서울에서 영동역까지 와인 기차를 운행한다. 영동군은 2015년에 10만 명이 와인투어에 참여해 50억 원의 매출을 올렸다. 와이너리를 방문해 자신만의 와인을 만들어보는 등 체험 프로그램이 다양하다.

4. 와인 축제

초기에는 포도 판매를 위해 시작했으나 점차 문화적 요소가 가미돼 와인 축제로 발전했다. 2013년부터는 영동 태생인 난계 박연 선생을 기리는 난계국악축제와 통합해 와인과 국악이 어우러지는 문화 축제로 거듭났다. 해마다 10월에 열리며 200여 가지의 개성이 넘치는 농가의 와인을 맛볼 수 있다.

경남 하동
흥룡리 먹점마을

'지리산의 정원' 꿈꾸는 체류형 마을

흥룡리는 지리산 깊은 골짜기 속 산골 마을이다. 지리산 남쪽 마지막 봉우리인
구제봉 기슭에 위치한 미점·먹점·동점마을을 삼점마을이라 부르는데
그 가운데 먹점마을이 있다. 오지로 남아 있던 이 마을에 지리산 둘레길이 지나며
사람들의 발길을 따라 변화가 시작되고 있다.

'먹점'이라는 마을 이름의 유래는 분명하지 않다. 먹이 많이 생산됐다는 설부터 중국의 무릉도원에 비견되는 지리산의 이상향인 청학동의 입구라는 설까지 다양하다. 여기에서 비롯된 이야기겠지만 전쟁을 피할 수 있는 피난지로 '삼점마을'이 전해오기도 한다. 그만큼 오지마을이었다.

그런 먹점마을이 최근에는 마을로 통하는 2차선 도로가 생기면서 농촌관광 마을로 거듭나고 있다. 전체 20여 가구로 작은 마을이지만 구제봉에서 흘러내리는 계곡을 사이에 두고 양옆으로 널찍한 매실 과수원이 형성돼 3월 중순이면 매화꽃을 감상하려는 상춘객으로 한바탕 북새통을 이룬다.

특히 미점·먹점·동점 세 마을을 지나며 섬진강과 어우러지는 지리산의 숨은 비경을 즐기려는 도보 여행객의 숙박 수요가 늘어나며 소득원으로서 기대를 높이고 있다. 지리산 둘레길 12구간이 지나는 먹점마을의 감동산방에서 내려다보는 섬진강은 백운산을 배경으로 천지를 연상시킬 만큼 아름다워 방문객이 자주 찾는 마을의 명소다.

1. 지리산의 오지 먹점마을에 봄기운이 완연하다. 아직은 찬바람에 봄꽃이 몽우리를 틀고 있지만 곧 화려한 봄의 향연이 시작된다. 2. 연중 꽃이 피는 마을을 만들기 위해 주민들이 심은 홍매화에 붉은 꽃이 피었다.

매실 농사와 관광 겸하는 6차 산업 추구

방문객 발길이 잦아지며 마을 모습도 빠르게 바뀌고 있다. 10여 년 전 시작했지만 명맥을 유지하는 데 그쳤던 팜스테이 사업이 활기를 찾았다. 매실 농사를 짓던 주민들이 관광으로 눈을 돌려 농가 민박을 꾸며 농사와 관광을 겸하고 있다. 마을을 지나다 아름다움에 취해 정착한 사람들이

1. 지리산 구제봉에서 흘러내리는 계곡의 맑은 물을 이용해 농가 민박의 휴식 공간을 꾸몄다. 2. 먹점마을은 이른 봄 매화부터 가을 단풍까지 아름다움을 간직한 마을을 구상하고 있다.

농가를 개조하거나 황토 펜션을 지어 운영하는 등 원주민보다 이주한 주민이 더 많아졌다.

마을 중간을 흐르는 계곡을 따라 들어선 팜스테이 농가들은 잘 가꾼 농원과 조화를 이루며 마을의 새로운 풍경으로 등장했다. 200~300m 간격을 두고 형성된 농원마다 자신만의 특징을 살려 꾸미고, 다양한 관상수를 심어 평온하고 아름다운 농촌의 모습을 갖췄다. 지리산 숲과 계곡을 정원 삼아 조성한 민박이나 주인의 삶의 흔적을 고스란히 간직한 농가 주택을 정겨운 공간으로 꾸며

제공하는 마을 민박이 방문객의 마음을 사로잡는다.

먹점마을은 주민 의견을 모아 마을 안길에 다양한 꽃나무를 심고 있다. 매화가 피는 3~4월뿐 아니라 연중 아름다운 꽃이 만발하는 마을을 만들기 위해서다. 마을을 방문하는 사람들이 오래 머물며 휴식을 취할 수 있도록 정원 같은 마을을 구상하고 있다.

2017년 4월호

INTERVIEW

송춘자 먹점팜스테이마을 대표

마음속 고향 닮은 정원마을 되고파

"2년 전 마을 부녀회가 팜스테이 사업 운영을 넘겨받았습니다. 여성의 감성과 섬세함을 살려 아름다운 마을을 만드는 것이 바람입니다."

송춘자 먹점마을 부녀회장 겸 팜스테이마을 대표는 "부녀회가 팜스테이 운영을 맡은 이후 침체됐던 마을 가꾸기 활동이 활력을 찾고 있다"고 말했다.

"<고향의 봄> 노랫말에 나오는 '꽃 피는 산골'처럼 정원 같은 마을을 만드는 미래상"을 그리는 송 대표는 "매달 1일을 마을 가꾸기의 날로 지정해 모든 주민이 함께 청소와 꽃길 조성 등 마을 사업을 진행한다"고 설명했다.

먹점마을은 지난해 마을 기금과 주민 기부로 1000그루의 꽃나무를 구입해 마을길에 심은 데 이어 올해도 길과 공터에 산벚나무·꽃무릇·구절초 등 3000그루의 꽃을 심어 연중 꽃을 볼 수 있는 마을로 만들어갈 계획이다.

"마을의 상징인 매화를 시작으로 여름 야생화, 가을 단풍과 겨울 눈꽃까지 모든 계절에 꽃이 활짝 피면 사람들 기억에 오래 남을 것"이라는 송 대표는 "한번 다녀간 사람은 언젠가 반드시 다시 찾아오는 마을로 남고 싶다"고 강조했다.

우리 마을 자원

{ 먹점골매실농장 }

유기 인증을 받아 매실 농사를 짓는다. 입소문에 방문객이 하나둘 늘어 민박을 늘렸다. 농촌관광의 가능성을 보고 5㏊(1만 5000평) 농장에 편백나무 등 관상수를 심고 산책로도 만들었다.(www.maesilfarm.net)

{ 감동산방 }

지리산 마지막 봉우리인 구제봉 턱 밑에 산방을 짓고 고향의 이름을 붙여 감동산방을 열었다. 맑은 물이 흐르는 정자 주변에는 잔디 마당을 조성해 텐트를 치도록 내준다. 물소리와 새소리를 들으며 맑고 깨끗한 숲속에서 보내는 하루는 힐링 그 자체다.

{ 매화꽃힐링농원 }

도시에 살다 마을로 귀농한 5년 차 농사꾼 최관호 휴양마을 대표의 농장이다. 농장을 조성하며 벌채한 지리산 나무를 그늘에 3년간 말려 서까래로 삼고 주변 황토를 이용해 건강에 좋은 황토방 3동을 지었다. 농원 끝자락에 있는 팽나무 그늘 아래 정자를 짓고 마을 앞을 흐르는 섬진강을 내려다볼 수 있도록 경관을 조성했다.

{ 산골매실농원 }

잔디가 잘 자란 넓은 앞마당을 가진 농가주택을 민박 공간으로 제공한다. 농장 안에는 '산골 이야기'라는 작은 찻집이 있어 누구나 들어와 주인과 차를 마시며 담소를 나눌 수 있다. 찻집 주변에는 마을에서 가장 오래된 매실나무와 100여 가지 야생화가 사시사철 꽃을 피운다. 나무 공예에 관심이 있으면 지리산 나무로 '나만의 도마'를 만들어 갈 수도 있다. (www.sangolmaesil.co.kr)

{ 매화골향기펜션 }

귀농 4년 차 농부가 운영하는 농가 민박이다. 오래된 농가 주택을 구입해 농촌의 멋을 살려 리모델링했다. 방문객이 직접 장작을 때 구들을 덥혀 난방을 하는 아궁이방도 들여 농촌을 체험할 수 있도록 했다. 집 앞에는 나지막한 계곡이 있어 여름철 방문객이 많다. 마을에서 생산하는 농산물을 이용해 건강 밥상을 제공한다.

{ 전문가 진단 }

농촌관광, 관람형에서 체류형으로

현재 농촌관광의 가장 큰 걸림돌은 관람형이 많다는 데 있다. 방문객 대부분이 1일 관광으로 아침에 마을을 방문해 점심을 먹고 돌아가는 형태다. 그러다 보니 농촌을 찾는 사람은 많아도 농촌 마을에 유입되는 경제 효과는 적다. 처음에는 기대를 갖고 농촌관광에 참여하던 주민도 손에 쥐는 돈이 적어 실망하고 그만두는 사례가 적지 않다.

민박마다 숲야생화계곡 같은 자연을 소재로 정원을 조성하고 있다.

농촌관광이 마을에 뿌리 내리기 위해서는 현재의 관람형 관광을 체류형 관광으로 전환해야 한다. 그러기 위해서는 아름다운 자연 경관을 즐기며 휴식을 취하는 농촌 민박 제공이 필수다. 도시에서 흔히 볼 수 있는 편의시설 위주의 펜션·숙박업소와 구별되는 농촌에서만 맛볼 수 있는 신선한 농산물로 만드는 건강 식단 제공은 필수다.

01 지역 특색이 배어나는 농가 주택을 짓자

지역의 자연 환경과 어울리는 농가 주택을 짓는 것은 농촌관광의 중요한 출발점이다. 주거 위주의 농가 주택 개념에서 벗어나 언제라도 방문객을 맞을 수 있도록 주택 구조를 바꿔야 한다. 도시민은 쾌적하고 편리한 환경에서 휴식을 취할 수 있는 시설을 기대한다.

02 마을 특산물을 활용한 먹거리를 만들자

2015년 7월부터 농가 민박에서도 아침식사를 제공할 수 있도록 법률이 개정됐다. 가정이나 지역에 오래전부터 내려오는 특색 있는 음식이 있으면 좋지만, 그렇지 않다면 마을에서 생산하는 주력 농산물을 활용한 음식을 제공할 수 있어야 한다. 정갈하면서 건강에 좋은 농가 음식은 방문객에게 자연의 아름다움만큼이나 깊은 인상을 남겨 농산물 구매로 연결되는 사례가 적지 않다.

03 보고 즐길 거리를 다양화하자

농촌 민박을 방문하는 형태는 가족 단위나 동호회가 많다. 그래서 편하고 독특한 주거 공간을 선호하고 외부 활동 평가를 통해 마을을 결정하는 경향이 짙다. 방문객이 쾌적한 환경에서 아름다운 농촌의 경관과 생활문화를 경험할 수 있는 서비스를 제공하는 것이 필요하다. 마을의 작은 축제, 체험 프로그램, 농특산물 판매, 휴식과 산책, 자연 해설 등이 그것이다.

강원 철원
동송읍 뚜루뚜루 철새마을

뚜루뚜루 떡볶이 만들고 철새도 보고

철새는 마을을 지나가는 손님 같은 존재지만 보는 이에게 특별한 영감을 주기도 한다. 한번 짝을 맺으면 평생을 같이 지낸다는 두루미의 생태를 관찰하다 인간을 닮은 모습과 울음소리에 매료되기도 한다. 양지리는 마을의 진객 두루미를 대표 브랜드로 삼고 색다른 농촌 문화를 창출하고 있다.

'뚜루뚜루 희망제작소'는 마을의 보물인 두루미와 오대쌀을 연계해 농촌의 문화를 새롭게 이끌어가는 마을기업이다. 천연기념물 제202호 두루미의 외모와 울음소리를 형상화해 이름을 짓고 브랜드화했다. 청초한 두루미가 노니는 깨끗한 자연을 강조하며 그런 땅에서 나오는 오대쌀의 우수성을 알리려는 주민들의 염원이 담긴 명칭이다.

'뚜루뚜루 철새마을'로 더 많이 알려져 있는 강원 철원 동송읍 양지리(뚜루뚜루.com)는 오대쌀 주산지다. 마을에는 철새의 낙원인 토교저수지가 있어 쇠기러기와 두루미, 대머리 독수리 등 다양한 철새가 사시사철 찾아온다. 주변에 철원평야가 펼쳐져 있고 북한의 평강에서 발원해 서해로 빠지는 한탄강이 흐르고 있어 먹이가 충분하기 때문이다.

사진작가와 같은 일부 계층에서만 선호하던 두루미 탐조가 농촌관광과 생태관광이 활성화하면서 도시민의 방문이 잦아져 새로운 마을 자원으로 등장했다. 특히 민통선 이북에 위치해 군의 허가를 받아야 들어갈 수 있는 희소성(지금은 자유 왕래) 때문에 두루미를 활용한 농촌관광의 가치는 더욱 높아졌다.

'뚜루뚜루 떡볶이'로 농촌관광 마을 유명세

철원에서 가장 먼저 농협의 팜스테이를 통해 농촌관광에 눈을 뜬 양지리는 마을의 특징적인 자원인 두루미에 눈을 돌려 철새 탐조 농촌관광 프로그램을 만드는 등 발빠르게 대처했다. 2010년에는 강원도에서 처음으로 마을기업을

1. 뚜루뚜루 철새마을에는 2016년에 개관한 'DMZ 철새평화타운'이 조성돼 있어 연중 철새 관광이 가능하다. 2. 뚜루뚜루 철새마을 로고. 3. 마을 앞에 펼쳐진 철원평야와 토교저수지는 철새의 낙원으로 연간 철새 40만 마리가 찾는다.

만들고 두루미를 활용한 농촌관광에 본격적으로 뛰어들었다.

1. 뚜루뚜루 희망제작소는 마을의 창고를 개조해 만들었다. 작은 공간이지만 창의적인 아이디어 창출의 산실이다. 2. 오대쌀로 만든 가래떡에 양념을 버무려 만드는 '뚜루뚜루 떡볶이'는 철새마을의 대표적인 음식 체험 프로그램이다.

첫 작품이 두루미와 철원 오대쌀의 합작품인 '뚜루뚜루 떡볶이 만들기' 체험 프로그램이다. 두루미가 노닐던 곳에서 생산한 오대쌀로 만든 떡볶이인 '뚜루뚜루 떡볶이'는 인터넷을 통해 삽시간에 알려지며 철원의 오지 마을 양지리를 세상에 알리는 계기가 됐다. 주민 사이에서 하고많은 체험 프로그램 중 가장 흔한 떡볶이를 만든다는 우려 속에서 출발했지만 소위 '대박'을 터뜨리며 사람들을 마을로 불러 모으는 대표 체험이 됐다.

성공 가능성을 확인한 주민들은 철새 전문가와 함께하는 철새 탐조 학습 프로그램인 철새교실을 운영하고, 탐조 과정에서 수집한 재활용 자원으로 두루미의 형상을 만들어보는 등 다양한 두루미 관련 체험 프로그램을 만들어 제공했다.

저평가받는 쌀 문화 되살리려 '쌀전' 열어

성공 경험을 쌓아가던 마을에도 아픔의 순간이 찾아왔다. 세월호 침몰 등 안전사고가 터지며 농촌관광 시장이 위축된 데다 농촌관광이 보편화하면서 공급 과잉으로 서울에서 비교적 멀리 떨어진 마을부터 수요가 줄어든 것. 마을에서는 '위기는 또 다른 기회'라는 생각에서 적극적인 홍보와 공모사업에 나섰고 그 과정에서 '쌀농사가 무슨 문화냐?'는 충격적인 평가를 받고 공모전에서 탈락하는 수모를 겪기도 했다.

그러나 그때부터 주민들은 쌀농사가 지닌 문화적 가치는 물론, 푸근하고 인정 많은 농촌 문화를 알리려 해마다 11월에 '쌀전'을 열고 있다. 순수하게 마을 자금으로만

여는 쌀전에서는 한 해 동안 펼친 마을의 활동을 알리고, 참여자들이 만든 다양한 체험 작품을 전시한다. 요즘에는 주변에 사는 작가들의 도움을 받아 농촌 문화를 형상화한 작품을 선보이며 의미 있는 마을 행사로 자리 잡고 있다.

서구 문화에 물든 도시민에게 우리 문화의 뿌리가 되는 농경문화를 알려 오대쌀의 가치를 높이고 소비를 증진하려는 생각에서 출발한 쌀전이 주변의 관심을 끌며 새로운 도약의 기회로 다가오고 있다.

2017년 8월호

INTERVIEW

이병희 뚜루뚜루 희망제작소 대표

쌀은 우리 민족의 정신이 깃든 문화의 상징

"쌀이 불쌍합니다. 수천 년 동안 우리 민족을 지탱해온 게 쌀인데 불과 수년 동안 쌀이 남는다고 천덕꾸러기 취급하는 게 너무 안타깝습니다."

이병희 뚜루뚜루 희망제작소 대표는 "오대쌀의 고장 철원도 생산량의 50%만 수매하고 나머지는 농가가 직접 팔아야 해 부담이 커진 상황"이라며 "마을기업의 경영 목표를 문화를 활용한 쌀 판매로 전환했다"고 말했다.

"뚜루뚜루 희망제작소의 두루미 브랜드도 오대쌀의 우수성을 알리려는 생각에서 출발한 결과물"이라는 이 대표는 "오대쌀이 없었다면 철원의 청정한 자연도, 두루미가 노니는 평야도 존재하지 않았을 것"이라고 강조했다.

"오대쌀은 단순히 주식이란 개념에서 벗어나 문화와 접목한 소비 상품"이라는 이 대표는 "오대쌀을 이용한 다양한 먹거리와 조리법을 개발해 최소한 우리 마을에서 생산하는 쌀은 전량 팔아줄 수 있는 마을기업이 되겠다"고 다짐했다.

"해마다 가을걷이가 끝나면 쌀전을 여는 것도 쌀 소비의 일환"이라며 "쌀에 깃든 우리 민족 문화를 현대 감각으로 재구성해 보여주고 마을 주민부터 문화의 주역이 되고자 하는 바람이 깃들어 있는 노력"이라고 강조했다.

우리 마을 자원

{ 뚜루뚜루 낭만부엌 }

쌀로 만드는 음식을 개발해 지역 주민이 함께 나눠먹는 프로그램이다. 강원도가 지원하는 공동체 사업에 참여해 전문가의 도움을 받아 쌀로 만드는 조리법을 개발했다. '철원 오대쌀로 만든 두부밥' '쌀 주먹밥' '가래떡 꼬치구이' 등 다양한 오대쌀 요리를 개발해 음식 체험 프로그램으로 적극 활용하고 있다.

{ 뚜루뚜루 철새교실 }

조류의 생태와 비무장 지대(DMZ)의 자연 생태 환경을 체험하는 프로그램이다. 토교저수지로 이어지는 농로를 따라가며 철새의 생태를 탐조한다. 탐조 결과를 신문이나 보고서 형태로 꾸며보는 것이 특징. 철새의 활동이 적은 시기에는 양지초등학교 자리에 들어선 'DMZ 철새평화타운'을 방문해 철새에 관해 배운다. 철새도서관과 철새 관찰실, 전망대가 마련돼 있다.

{ 뚜루뚜루 방앗간 }

오대쌀을 이용한 체험 프로그램이다. '뚜루뚜루 떡볶이'의 재료가 되는 가래떡을 비롯해 현미를 무쇠 솥에 살짝 볶아서 만드는 쌀차, 현미식초에 계절 채소를 썰어 넣어 만드는 발효현미 채소식초, 쌀눈을 이용한 비누 만들기 등 쌀 가공 제품부터 공예품까지 다양하게 만들어보는 프로그램이다.

{ 뚜루뚜루 쌀전 }

오대쌀의 가치를 문화로 풀어보자는 생각에서 2014년부터 주민들이 고안해 만든 마을 전시회다. 초기에는 한 해 동안 마을을 방문한 도시민이 만들어 놓은 체험 작품을 전시하는 수준이었지만, 시간이 지나면서 인근에 있는 작가들이 참여해 쌀을 닮은 공예품을 창작해 선보이며 볼거리가 다양해졌다. 11월 중순에 마을기업 작은 뜰에서 열린다.

{ 뚜루뚜루 역사 문화 기행 }

철원 지역은 최고의 안보 관광지다. 양지리를 중심으로 인근에 노동당사와 금강산철길, 백마고지 전적지, 아이스크림고지, 제2땅굴 등이 펼쳐져 있다. 오전에 마을 투어와 함께 철새 탐조를 하고, 쌀밥으로 점심을 먹고 오후에 안보 관광지를 살펴보고 돌아가는 1일 코스가 인기다.

한 걸음 더 들어가기

마인드맵 활용한 마을 자원개발 사례

뚜루뚜루 철새마을의 체험 프로그램은 시각적이고 운율이 있는 언어 선택이 돋보인다. 마을 브랜드인 '뚜루뚜루 철새마을'의 글자만 봐도 두루미의 울음소리가 들리는 듯하다. 특히 체험 프로그램인 낭만부엌, 방앗간, 철새교실 앞에도 시각화한 '뚜루뚜루'를 붙여 마을이 생동감 있고 독특하고 정겨운 느낌이 들게 했다.

어디에서 이런 아이디어를 얻었을까? 마을 사무장을 거치고 마을기업 대표로 있는 이병희 씨는 마인드맵 덕분이라고 말한다.

마인드맵은 '생각의 지도'라는 뜻으로 생각을 지도 그리듯이 이미지화해 사고력과 창의력을 높이는 기법이다. 철새마을 사람들은 공동사업을 하며 마인드맵을 통해 참신한 생각을 이끌어냈다. 생각나는 것을 서로 이야기하고, 착안 사항을 한데 모으고, 연관성 있는 것끼리 분류하고, 앞뒤 관계를 따져 마인드맵 그리기를 반복하며 아이디어를 다양화·구체화했다. 이런 과정으로 만들어진 마을의 마인드맵을 공유하고 의견을 들어 보충하는 방식으로 모든 마을 자원을 압축했다.

필요할 경우 압축된 마인드맵에서 하나의 자원을 뽑아내 다시 생각을 확장하는 방법으로 마을의 모든 자원에 관한 정보를 축적해 나갔다. 완성된 마을자원 마인드맵은 마을사업을 발굴하거나 새로운 체험거리를 창출하는 데 큰 힘이 됐다. 철새 탐조 체험 프로그램도 여기에서 착안했고, 특히 아이들이 논밭에서 철새의 먹이를 찾을 때 나무젓가락을 두루미의 긴 부리라고 생각하고 두루미의 눈으로 보도록 꾸민 것도 마인드맵의 산물이다.

뚜루뚜루 희망제작소는 마을에 존재하는 다양한 자원에 대해 끊임없이 마인드맵을 완성해가고 있다. 당장은 필요성이 떨어지는 것처럼 보이지만 시시각각 변하는 방문객의 욕구와 농촌관광 시장 환경에 빠르고 능동적으로 대처하는 데 도움이 되기 때문이다. (자료 제공 : 이병희 대표)

■ 마인드맵 기법의 3법칙

1. 마을에서 가장 보편적인 자원에서 출발하자
2. 한 해 동안 일어나는 변화를 점검하자
3. 사소한 생각(현상)도 무시하지 말고 기록하자

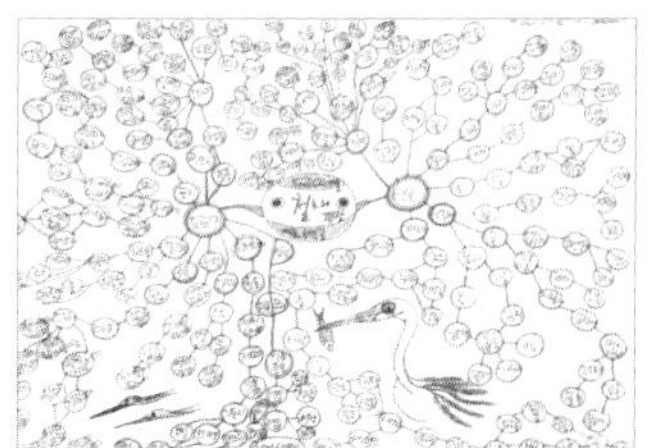

1

충북 충주
신니면 내포긴들마을

독특한 볼거리·즐길거리·먹거리 갖춘 체험 마을

마을 앞뒤로 개천이 흘러 강 사이에 끼어 있는 마을이란 의미로 '내포',
그 안에 들이 길다 하여 '긴들'이란 이름이 붙었다. 지금은 마을 뒤로 흐르던 강은
흔적이 없지만 마을 앞을 흐르는 요도천 위를 가로지른
오래된 회색빛 다리를 건너면 마을을 만난다.

충북 충주 신니면 내포긴들마을(happynaepo.com)은 평야 지역으로 쌀농사를 주로 한다. 쌀이 귀하던 시절에는 인근에서 가장 부촌으로 손꼽혔지만 농업 인구 고령화와 영농 작목의 다양성이 떨어지면서 가난한 마을로 불리기도 했다.

하지만 마을에 농촌관광 바람이 불면서 도시민의 방문이 늘어나 예전의 활기를 되찾아가고 있다. 주말이면 도시민을 실은 관광버스가 들어오고, 아이들의 재잘거림이 곳곳을 수놓으며 마을 모습이 빠르게 변하고 있다.

우선 여러 해 방치돼 있던 마을회관이 새 단장을 했고 회관 앞 광장은 손님들로 북적인다. 마을의 오래된 집은 원형을 간직한 채 구조를 변경해 카페로 다시 태어났다.

작목 변화도 생겼다. 논으로 가득 찼던 마을에 사과 과수원과 버섯 하우스가 생기는 등 소득의 변화도 감지되고 있다. 주민들은 힘을 합쳐 영농조합법인을 만들고, 농촌관광을 통해 농촌 체험으로 일자리를 만들고, 도시민에게 농산물을 팔아 쏠쏠한 재미를 느끼는 상태다.

2013년 농촌관광에 관심을 보인 내포긴들마을은 체험 프로그램 개발 등 노력을 기울여 해마다 4000여 명이 다녀가는 중견 농촌관광마을로 발돋움하고 있다. 전형적인 논농사지역으로 농촌의 옛 모습을 간직하고 있어 가을철 황금 들녘을 볼 수 있는 데다 효소팝콘 체험, 택견교실, 점토(폴리머 클레이) 공예 등 독특한 체험 상품을 개발한 덕분에 다른 마을에 비해 빠르게 성장하고 있다.

특히 2017년에 40억 원 규모의 권역 단위 개발 사업에 선정돼 주민문화 시설과 숙박시설이 확충될 예정이어서 방문객은 점차 늘어날

1. 방과 후 프로그램으로 마을에 개설된 '마을학교'에 참여하는 아이들이 전통 무술 택견을 배우기 위해 잔디광장으로 달려가고 있다.
2. 창고로 쓰던 건물을 새 단장해 마을회관 겸 체험장으로 활용하면서 마을에서 가장 많은 사람들이 다녀가는 랜드마크가 됐다.

전망이다. 지난 5년간 농촌관광을 경험한 주민들이 인근 원평마을과 선당마을 등 2개 마을을 설득해 권역사업을 신청한 것이 충주시에서 선정돼 본격적인 사업에 들어간 것.

카페 등 마을사업 독립경영체로 분리

마을에서는 그동안 경험한 농촌관광 노하우를 바탕으로 마을에 적합한 시설을 확충하고 다양한 프로그램도 개발해 농외소득을 늘려간다는 복안을 가지고 있다. 마을 앞산인 가섭산에 전해 내려오는 '선녀와 나무꾼'의 전설을 배경으로 다양한 볼거리와 즐길거리, 체험거리를 개발할 계획이다.

농촌관광의 중심 마을인 내포마을에는 돌담길을 조성해 볼거리를 늘리고 주민공동문화센터를 건립해 체험 프로그램의 중심 시설로 활용할 계획이다. 원평마을에는 느티나무 쉼터와 행복 쉼터를 조성해 걷기 좋은 마을로 만들고, 선당마을에는 특산물 건조시설을 설치해 농가소득의 중심지로 활용할 계획이다.

마을의 농촌관광사업이 실제적인 농가소득 방안의 하나로 정착될 수 있도록 3개 마을이 참여하는 마을법인 발족을 서두르고 있다. 현재 내포긴들마을에서 시험적으로 운영하는 것처럼 마을카페와 식당, 체험 상품 등을 주민이나 마을 단체에 경영을 맡겨 개별 사업장으로 성장하도록 구상 중이다. 2017년 10월호

1. 마을 중심부에 있는 느티나무 광장. 그늘이 좋아 사람들이 많이 찾는다. 2. 내포긴들마을에서 생산하는 농산물을 소포장해 방문객이 기념품으로 사갈 수 있도록 전시하고 있다.

INTERVIEW

손병용 내포긴들마을 이장

효소팝콘 대량 생산 길 열어 농가소득 높일 것

"마을 대표의 개인 사업이 성공해야 마중물이 돼 마을사업이 활성화 할 것 같아요. 우선은 개인적으로 특허를 낸 효소팝콘을 대량으로 생산해 시중 판매에 나설 겁니다."

서울에서 30년을 살다가 귀향한 손병용 내포긴들마을 이장은 "마을로 내려올 때 농산물 유통과 체험을 하려고 했지만, 1년 만에 실패하고 다시 서울로 올라간 경험이 있다"고 털어놨다.

"귀향 실패의 경험을 통해 배운 것이 많다"는 손 이장은 "농업 후계자로 선정되고 농촌관광사업의 기회를 준 것이 다시 고향으로 내려와 정착을 시도한 계기"라고 말했다.

손 이장은 2010년 고향에 내려오자마자 마을에 사과나무를 심고 과수원을 일구며 사과 생산이 본격적으로 이뤄지기 전 3년 동안 전국의 많은 마을을 다니며 농촌관광사업을 배우고 또 배웠다고 강조했다.

"어느 정도 시골에 눈을 뜨니 서울에서 했던 사업 중 마을에 적용할 만한 것들이 떠오르며 해보고 싶은 용기도 얻었다"는 손 이장은 "사과로 효소를 만드는 과정에서 효소팝콘을 착안해 제품을 선보였고 반응이 좋아 특허까지 받은 상태"라고 설명했다.

평소 농촌 체험을 통해 농산물 가공과 유통에 관심이 많았던 손 이장은 내친 김에 주민과 협의해 수년간 방치되다시피 한 마을회관을 개보수하고 효소팝콘 만들기 프로그램을 중심으로 농촌관광사업을 시작해 이제는 제법 많은 사람이 마을을 찾고 있다.

"처음에는 반신반의하던 주민들도 후원자로 바뀐 지 오래"라는 손 이장은 "주민들에게 성공한 모델을 보여주고 협업 방안을 찾는 게 빠르다고 판단해 효소팝콘 사업장을 만들고 주민들로부터 팝콘옥수수를 수매해 체험용으로 효소팝콘을 생산하고 있다"고 말했다.

손 이장은 "효소팝콘 대량 생산 시설을 갖추고 극장가와 편의점에도 납품할 계획"이라며 "마을에서 팝콘옥수수를 계약재배하면 농가소득 증대에도 기여할 수 있을 것"이라고 내다봤다.

{ 오감 상쾌 '우리 마을 육거리' }

1. 자연 지도를 그려보자

마을의 식물 군락지를 찾아내 위치를 표시하는 자연 체험 프로그램이다. 마을 앞을 흐르는 요도천은 자연의 보고다. 둑길을 따라 자생하는 애기똥풀·민들레·쇠비름 등 식물 군락지를 찾아내고 해설을 듣는 자연 체험은 생생한 현장 수업이다.

2. 청양고추 팝콘을 아세요?

팝콘옥수수를 이용해 영양 가득한 효소팝콘을 만들어 먹는 체험이다. 사과·매실·청양고추 등을 효소로 담아 팝콘에 첨가하는 방식으로 다양한 맛과 영양을 즐길 수 있다. 청양고추 효소를 넣은 팝콘은 매콤하면서도 달콤한 맛 덕분에 가장 인기가 높다.

1

2

3

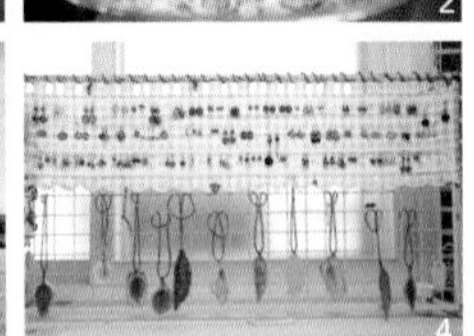
4

5

6

3. 이크! 애크! 신나는 택견교실

택견은 춤을 추듯이 가볍게 움직이는 전통 무예다. 충주에 전해 내려오는 택견은 무예로는 최초로 유네스코 세계 무형 유산에 등록되기도 했다. 마을에서는 택견 사범을 초청해 시범을 보이고 기본 몸놀림을 배워볼 수 있다. 리듬에 맞춰 활갯짓과 품밟기를 따라 하다 보면 즐거움이 샘솟는다.

4. 나만의 기념품을 만들어요!

점토를 이용해 목걸이·귀걸이·책갈피 등을 만드는 프로그램. 마을의 식물 지도에서 한 식물을 선정한 다음, 점토 위에 식물을 올려놓고 도구를 이용해 본을 뜬 뒤 파스텔 가루를 이용해 색을 입힌다. 완성된 작품을 구워내 장식품을 달면 마무리. 가족 단위 방문객이 선호한다.

5. 한옥에서 하룻밤!

한옥을 펜션으로 꾸몄다. 평소에는 체험과 휴식 공간으로 제공하지만 가족 단위 방문객에게는 숙식처로 제공하기도 한다. 한옥 앞에는 넓은 잔디밭이 조성돼 텐트를 치고 야영을 할 수도 있다.

6. 송이 따고! 사과 따고!

마을에 들어선 새송이 농장에서 버섯을 채취해보고, 가을에는 충주의 특산품인 사과를 직접 수확해 가져갈 수 있다. 마을의 주 작목인 벼를 비롯해 감자·옥수수·땅콩·밤 등의 농산물은 계절에 따라 농장을 방문해 수확 체험에 참여할 수 있다.

테마가 있는 마을 여행

시골풍의 색다른 문화 공간, 마을카페

내포긴들마을에는 작은 찻집이 있다. 겉모습은 오래된 시골집 같지만 들어서면 분위기가 사뭇 다르다. 빛바랜 세간이 놓여 있었을 법한 내부 공간은 중간의 벽을 허물어 널찍하다. 봉당과 들마루가 있던 자리는 대형 유리문으로 바꿔 추석을 앞두고 누렇게 물든 평야의 모습이 한눈에 들어온다. 탁 트인 전경에 남향의 밝은 빛이 스며드는 실내에는 장소에 알맞게 짜인 손님용 탁자들이 자리를 차지하고 있다.

실내에 들어선 손님이 분위기에 안정감을 느낄 무렵, 눈에 드는 천장의 모습은 농촌의 옛 정취를 물씬 떠오르게 한다. 나무 서까래가 천장을 가로지르고 지붕 아래까지 쌓아올린 벽돌은 민낯을 그대로 드러내 영락없는 시골집이다.

손님이 없을 것이란 생각은 빗나갔다. 마을을 지나다 카페에 들른 손님은 분위기가 좋다며 칭찬 일색이다. 과거와 현재가 절묘하게 어우러지며 농촌에서만 만날 수 있는 분위기를 만들어낸다는 게 그 이유다.

사과빵·충주김밥·팝콘 등 개성 있는 먹거리 제공

제공하는 메뉴도 특색 있다. 과일주스, 사과빵, 충주김밥, 밤·고구마·옥수수 몽땅구이 등등. 커피와 차 종류를 비롯해 마을에서 생산하는 농산물로 만든 가공제품까지 가지런히 진열돼 있다. 여유 있게 차 한 잔 마시는 것도 상품이지만 마을 농산물을 알리고 판매하는 게 숨은 의도로 보인다.

카페 주인 우선영 씨는 "시골 마을의 정취를 담아 색다른 문화 공간을 만들기 위해 노력한 결과물"이라며 "마을카페를 내기 위해 여러 해 동안 비슷한 사업을 하는 마을을 찾아다녔다"고 말했다.

우씨는 마을회관이 미리 예약을 하고 방문하는 단체나 가족 단위 방문객이 머물고 즐기는 공간이라면, 마을 카페는 지나가다 들르는 지역 사람들의 공간이라고 설명한다. 더불어 주민들도 수시로 들러 이야기를 나누고 소통하는 공간이자 마을과 도시의 문화가 만나 마을의 생기로 타시 태어나는 착안의 공간이라고 강조했다.

1. 마을에 비어 있는 오래된 집을 카페로 꾸몄다. 집의 겉모습과 건물의 뼈대는 그대로 살려 깔끔하면서도 정겨운 분위기를 냈다. 2. 마을카페의 겉모습은 여느 농촌 가옥과 다르지 않다.

경기 연천
청산면 푸르내마을

넉넉한 인심과 아름다운 자연경관

남북의 잘린 허리를 묵묵히 이어온 한탄강과 임진강이 서로 만나 서해로 흐르는
합수 지점에 푸르내마을이 있다. 늦가을 햇살을 받아 유난히 반짝이는 은빛 강물과
그 너머로 황금 평원을 바라보는 즐거움이 있는 마을.
이곳은 국가지질공원으로 지정돼 있어 학생들의 방문이 잦은 곳이다.

수십만 년의 침식 작용으로 형성된 한탄강 주변의 빼어난 경관을 지닌 국가지질공원을 돌아보고 빼놓지 않고 들려가는 곳이 푸르내마을(www.purnevil.com)이다. 어쩌면 푸르내마을을 방문할 목적으로 연천을 찾았다가 국가지질공원을 덤으로 둘러보는 것인지도 모를 일이다.

지난해 개장한 푸르내마을 체험관은 토요일과 일요일이면 방문객으로 넘쳐난다. 체험객이 많은 날이면 30여 명의 마을 주민들이 손님맞이에 나서지만 들고 나는 방문객이 많다 보니 온종일 눈코 뜰 새 없이 바쁘다.

2009년에 도농교류 마을사업을 시작해 10년이 된 푸르내마을에는 연간 2만여 명의 농촌 체험객이 다녀간다. 이들 가운데는 하루짜리 단기 방문객도 있지만 1박 2일에서 5박 6일까지 비교적 긴 시간을 마을에서 보내는 이들도 있다. 최근 들어서는 가족 단위 숙박 방문객이 늘어나는 추세라고 한다.

힘들지만 정직한 농촌의 삶을 보여주는 마을

도농교류 마을사업에서는 비교적 후발 주자인 푸르내마을이 이처럼 많은 관심을 받게 된 것은 방문객의 신뢰를 얻은 덕분이다. 7년째 농촌체험단을 이끄는 이시현 한국불교방송 BTN 부장은 "농촌 마을은 어디를 가나 비슷하지만 푸르내마을은 언제 방문해도 알찬 계절 체험이 준비된 마을"이라며 "마음 놓고 방문객을 데려올 수 있는 몇 안 되는 마을 중 한 곳"이라고 말했다.

1. 푸르내마을을 방문한 가족 단위 방문객이 봄철에 심은 벼를 가을에 수확하고 있다. 2. 방문객들이 마을의 특산물인 오이를 수확하며 즐거워하고 있다.

푸르내마을은 마을사업에 관심이 있는 주민들을 대상으로 출자를 받아 법인을 결성해 마을사업을 체계화했다. 법인 내에 4개 팀을 둬 주

민들의 역할을 분명하게 하고 주민 교육과 선진지 견학을 수시로 해 농촌을 알리는 전문가로서의 역량을 끌어올렸다.

세련되지는 않더라도 농촌 체험에 자신들이 사는 연천 지역의 농촌 문화를 담고 후한 인심을 전달하려 애썼다. 마을에서 생산되는 농산물로 계절 체험 프로그램을 만들고, 돌아갈 때면 체험을 통해 얻은 농산물과 기념품을 한 아름 안겨줘 재방문을 이끌어냈다. 현재 마을 방문객의 80~90%가 재방문일 정도로 마을의 고객 관리가 잘 이뤄지고 있다.

마을 농산물로 체험 품질 높이고 차별성 확보

푸르내마을의 또 하나의 숨은 전략은 외부 전문가의 도움을 적극 수용하는 자세다. 지역에 있는 경민대학교의 도움을 받아 전국에서 처음으로 오이 화장품 만들기 체험 프로그램을 고안했다. 오이는 푸르내마을에서 가장 많이 생산되는 농산물이고 흔한 농산물이다. 때문에 오이가 많이 날 때면 값이 내려가거나 상품 가치가 없는 오이가 버려지는 안타까움이 있었다.

하지만 도농교류 사업 이후에는 구부러지고 터진 오이도 귀하게 취급받는다. 버려지던 오이를 마을에서 구입해 모두 오이 추출물로 만들어 마을을 찾는 방문객을 대상으로 화장품을 만들어가는 체험 상품의 원료로 사용하기 때문이다.

푸르내마을의 국가지질공원 전망대에서 바라본 좌상바위. 마을 앞에 60m 높이로 우뚝 솟은 좌상바위는 중생대 백악기에 형성된 현무암이다.

오이만이 아니다. 연천 지역의 대표적인 특산물인 율무를 소비할 목적으로 율무깍두기를 개발하고 요리 체험을 운영해 인기를 얻고 있다. 율무깍두기를 담는 요리법을 배우려고 지리산의 요리 연구가를 찾아가 비법을 전수받을 정도로 주민들의 적극적인 자세가 푸르내마을을 성장시키는 밑거름이 되고 있다.

2018년 12월호

INTERVIEW

양갑숙 푸르내마을 사무국장

마을 농산물 '완판'할 때까지 도시민 적극 유치

"체험관을 새로 짓고 해마다 50%씩 마을 방문객이 늘고 있어요. 좋은 일이지만 주민들의 수고에 걱정도 됩니다."

양갑숙 푸르내마을 사무국장은 "올해 처음으로 마을을 찾는 방문객 수가 2만 명을 넘어설 것"이라며 "마을 공동 사업에 참여하는 주민들도 30명으로 늘어 기대와 부담이 공존하는 상태"라고 말했다.

10년째 마을사업을 운영하고 있는 양 사무국장은 "방문객이 늘어나며 농촌 체험을 통해 팔리는 마을 농산물이 많아지는 것은 좋은 현상이지만, 인건비와 전기료 등 운영비용의 증가 폭도 커 경영의 효율성을 높이는 노력도 필요한 시기가 됐다"고 강조했다.

푸르내마을은 대산농촌재단을 비롯해 ㈔도시와농어촌, 신명나는문화학교, 여행스케치 등 농촌체험단을 운영하는 사회단체와 1년 단위로 마을 방문 계약을 체결하고, 지속적으로 도시민들의 마을 방문을 유도하는 등 재방문율을 높이는 데 노력하고 있다.

특히 정부에서 발행하는 문화누리카드를 이용해 마을에서 농촌 체험에 참여하거나 농산물을 구입하도록 하고, 오이 화장품과 율무깍두기 등 신토불이 농산물 체험 상품을 개발해 마을 주민이 생산한 농산물 판매에 주력하고 있다.

"도농교류 사업에서 전국 모델이 되는 것이 목표"라는 양 사무국장은 "마을사업을 통해 주민들에게 안정적인 일자리를 마련해주는 것과 아울러 마을 농산물이 '완판' 될 수 있도록 오이축제와 같은 우리만의 체험거리를 계속 개발할 생각"이라고 밝혔다.

우리 마을 자원

{ 100% 만족! 오이 콜라겐 화장품 만들기 }

마을에서 생산하는 유기농 오이를 불에 8시간 달여 만드는 오이 추출물로 기능성 화장품을 만든다. 오이는 피부 미백과 진정 효과가 있어 고가의 기능성 화장품에 주로 쓰이는 단골 원료다. 푸르내마을에서는 주민들이 만든 오이 추출물을 듬뿍 넣어 기능성 화장품을 만들어 갈 수 있다. 얼굴에 뿌리는 미스트에는 47%, 치료 효과가 있는 쿨 스프레이에는 97%까지 오이 추출물이 들어간다.

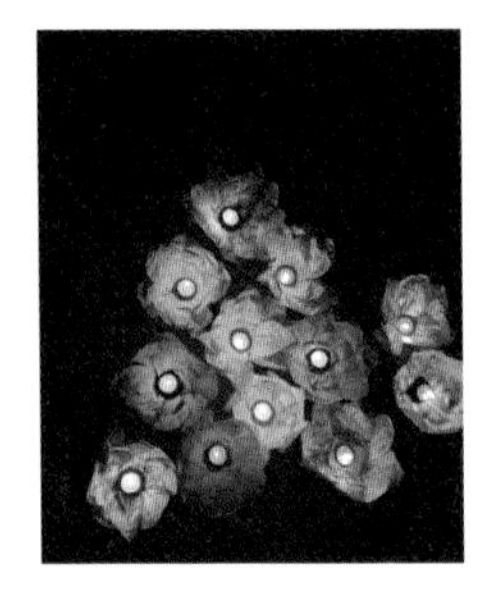

{ 빛에 소망을 담다! 꽃등 띄우기 }

물에 잘 뜨고 색이 고운 꽃등에 소망을 담은 글을 써서 물에 띄우는 행사다. 푸르내마을에 어둠이 내리면 조명이 설치된 야외 수영장에서 진행된다. 방문객이 직접 만든 꽃등을 수영장 물에 띄우면 미리 준비된 별 모양의 조명에도 아름다운 불빛을 밝혀 빛의 향연이 시작된다. 과거에는 소망등 날리기 행사를 많이 했지만 화재 위험성을 고려해 꽃등 띄우기를 고안해 이제는 마을에서 숙박하는 방문객에게 가장 감동적인 저녁 프로그램으로 자리 잡았다.

{ 인삼고추장과 율무깍두기 담기 }

연천은 인삼과 율무의 고장이다. 특히 율무는 전국의 80%가 연천 지역에서 생산된다. 푸르내마을은 주민들이 생산하는 농산물을 원료로 먹을거리 체험 프로그램을 제공해 지역의 맛을 알리는 데 주력하고 있다. 인삼고추장은 수삼을 달인 물을 메줏가루와 섞어 만들어 인삼의 향과 맛을 살린 것이 특징이다. 율무깍두기는 율무밥을 지어 깍두기를 담을 때 함께 버무려 담백한 맛을 더하는 게 비법이다.

{ 보석바 비누 만들기 }

형형색색의 비누 베이스에 오이 추출물을 넣어 만드는 천연 비누 체험. 다양한 모양의 비누를 직접 만들어보는 재미도 있지만 오이 추출물을 넣어 아토피 등 민감성 피부에 효과가 있어서 더 선호한다.

테마가 있는 마을 여행

한 해 농사의 마무리, 벼 베기와 탈곡 체험

"와릉와릉~." "와릉와릉~."

"선생님 한 번 더 해보면 안 돼요?"

가을이 무르익어가는 논에서 아이들이 벼 타작에 한창이다. 논가에 마련된 타작마당에는 지금은 사라진 1960~1970년대의 오래된 디딤 탈곡기부터 현재 사용하는 첨단 정미기까지 한자리에 비치돼 있다.

논에서 낫을 이용해 막 베어온 벼를 한 움큼씩 들고 있는 아이들이 줄지어 탈곡을 기다리며 신기해한다.

"엄청 재미있어요! 계속하고 싶어요!"

"발로 힘차게 밟고 벼의 줄기를 돌려가며 떨어야 해!"

서로 해보겠다는 아이들과 안전을 우려해 돌아가며 탈곡 체험을 진행하는 마을 농부의 목소리가 한데 뒤섞여 시끌벅적하다. 탈곡을 마친 아이들은 친구들의 모습을 보며 손뼉을 치거나 빈 짚더미에 드러누워 하늘을 보며 농촌에서의 즐거운 시간을 보낸다. 시끌벅적하던 타작마당은 아이들이 수확한 벼를 찧어 500g씩 비닐 포장해 집에 가져가는 것으로 마무리된다.

김선기 푸르내마을 운영위원장은 "봄철에 직접 모내기를 하고, 여름에 우렁이를 살포하고, 가을에 다시 방문해 추수해서 아이들이 더 즐거워하는 것 같다"고 말했다.

푸르내마을은 서울의 문화단체와 연중 마을 방문 계약을 체결하고 계절이 바뀔 때마다 아이들이 마을을 방문해 농사 체험을 하도록 해 아이들의 관심을 이끌어내고 있다.

서울 강남의 '신명나는 문화학교'는 아이들을 마을로 보내 봄철에는 손모내기를 하게하고, 여름철에는 한창 벼가 자라는 논을 보여주며 식물의 생장 과정을 알려준다. 가을철에 다시 방문하는 아이들은 자신이 직접 심은 벼를 낫으로 추수해 탈곡하고, 겨울철에는 수확한 쌀로 떡을 해 함께 먹으며 한 해의 농사 체험을 마무리한다.

1. 아이들이 전통 탈곡 도구인 홀태를 이용해 벼 수확작업을 해보고 있다. 2. 가족단위 방문객이 허수아비를 만들어 세우며 즐거운 시간을 보내고 있다.

전북 순창
구림면 고추장 익는 마을

순창 고추장이 맛깔나게 익어가는 마을

순창은 고추장의 고장이다. 섬진강 발원지의 맑은 물과
회문산의 시원한 바람이 만나 맛있는 고추장을 만든다.
회문산 자락에 있는 만일사에는 순창 고추장의 설화가 전해져
순창 지역 고추장의 역사를 가늠하게 한다.

"보리밥에 초시를 비벼 먹던 그 맛이 그립구나. 순창 고추장을 진상하게 하라!"
겨울철에도 맑은 물이 끊이지 않는 아름다운 계곡을 품은 전북 순창 구림면 안정리는 순창 고추장 시원지다. 고려 말 이성계 장군이 무학대사가 기도하던 만일사를 찾아오며 허기를 달래려고 산촌 촌로에게 받았던 밥상. 보리밥과 초시가 전부였던 그 맛을 잊지 못해 후일 조선을 건국하고 임금이 된 뒤 순창 현감에게 고추장을 진상하게 했다는 이야기가 전해온다.
회문산 중턱에 있는 천년 고찰 만일사에 오르면 순창 고추장의 시원 이야기를 담고 있는 비석을 만난다. 오랜 세월에 깎이고 뭉그러져 글씨가 잘 보이지 않지만 순창 고추장 일화를 뒷받침하는 비문이 남아 있다. 당시는 고추가 한반도에 전래되기 전으로 초시는 산초(山椒)나 호초(胡椒) 등 매운맛을 내는 열매로 만든 장(醬)으로 고추장의 전신으로 여겨진다.

순창 고추장 만들기 체험 전국 처음 실행

만일사에서 내려다보이는 회문산 자락의 계곡을 끼고 경사지 산촌에 '고추장 익는 마을(gochujangvillage.com)'이 자리하고 있다. 안정리의 중림·산내·안심 3개 자연마을 주민들이 공동 출자해 만든 '고추장 익는 마을 영농조합법인'은 2005년 마을사업을 시작해 14년째를 맞고 있다.
전국에서 처음 전통방식으로 고추장을 담그는 체험 프로그램을 개발하고 농촌관광을 시작해 한 해 4만 명의 도시민이 다녀가는 유명한 마을이 됐다. 방문객은 마을에 들러 전통방식으로 고추장을 만들며 맛의 비법을 배우기도

1. 순창 고추장이 항아리에서 맛있게 익어가고 있다. 2.고추장 익는 마을은 금천 계곡의 넓은 경사지에 체험관과 숙박시설을 갖추고 있다.

1. 장을 담글 때는 살균 작용을 하는 숯과 단맛을 내는 대추, 악귀를 쫓는 고추를 함께 넣는다. 2. 간장을 담근 뒤 40~80일의 숙성 기간을 거쳐 항아리에서 메주를 분리한다. 분리한 메주는 잘게 부숴 메줏가루와 고춧가루를 섞고 다시 발효해 된장을 만든다. 3. 순창에는 더위가 기승을 부리는 8월에 도넛 모양의 고추장 메주를 별도로 담가 충분히 띄워 가을에 고추장을 담근다.

하고, 고추장을 주재료로 다양한 요리를 만들어 먹기도 하며 마을에서 즐거운 시간을 보낸다.

마을 체험관은 카페, 숙박시설, 족구장, 특산품 판매점 등 편의시설도 두루 갖춰 가족 단위 방문객의 방문이 이어지고 있다. 산촌에서 여가를 보내거나 회문산 등산을 즐기려는 사람들의 발걸음도 잦아 주말이면 마을을 찾는 이들이 제법 많다.

전통장류에서 발효식품으로 마을사업 확대

고추장 익는 마을은 2002년 녹색농촌체험마을로 선정돼 마을사업을 시작했으나 준비 부족으로 마을 간의 갈등을 겪으며 실패의 쓴맛을 경험했다. 3년이라는 긴 침체기를 겪은 주민들은 2005년 새로운 마음으로 '순창 고추장 시원지'라는 배경을 가지고 행정자치부 전통계승사업에 공모해 선정됐다.

제2의 도약기를 맞은 주민들은 정부의 지원자금 5억 원에 자부담 2억 원, 주민들의 출자금 등 11억 원의 자금을 들여 지금의 고추장 익는 마을의 터전을 마련했다. 마을 주민 29명이 참여하는 영농조합법인을 결성하고, 마을의 고추장 명인과 함께 순창 고추장의 전통을 살린 고추장 체험사업을 시작했다.

최근에는 그동안의 장류 체험사업으로 마련한 수익금을 재투자해 전통 장류 공장을 신설하고 장류 판매까지 사업영역을 확장하고 있다. 특히 체험하고 간 방문객이 전통 고추장을 사겠다는 경우도 늘어 항아리 분양사업도 시작했다. 방문객이 마을로 와서 주민과 함께 전통장을 담근 뒤 마을에 관리를 맡기고 먹을 만큼만 가지고 가는 방식이다. 마을에서는 전통 장류 생산 과정에서 확보한 노하우를 활용해 발효 음식으로 마을사업을 넓혀나갈 계획이다.

2019년 2월호

INTERVIEW

최광식 고추장 익는 마을 대표

초·중·고교 학생에게 농촌에서의 전통 체험 기회 늘려야

"마트에서 파는 공장식 장맛에 밀려 전통 장이 설 자리를 잃어가고 있어요. 오랜 시간 동안 자연에서 숙성해 깊은 맛을 내는 전통 장의 명맥을 이어가는 것이 순창 고추장 시원지 마을의 숙명인 것 같습니다."

최광식 고추장 익는 마을 대표는 "전통 고추장 만들기 체험을 맨 먼저 만들게 된 것은 우리 마을이 순창 고추장의 시원지이기 때문" 이라며 "전통의 맛과 방법을 잊지 않도록 장 담그기를 무형 문화재로 지정한 것은 매우 잘한 일"이라고 말했다.

최 대표는 "도시에 사는 사람들은 마트에서 쉽게 장을 사 먹으면서 장 담그는 방법을 잊은 지 오래"라며 "지방이나 가정마다 색다른 장을 담그는 전통의 식문화도 사라질 위기에 놓여 있어 지원책이 필요하다"고 강조했다.

"입맛은 어릴 때 어머니의 손맛에서 결정된다"는 최 대표는 "우리 마을을 방문하는 아이들에게라도 전통의 맛을 전해주고자 전통방식으로 장을 담그는 수고를 감수하고 있다"고 말했다.

"외국은 전통을 잊지 않도록 학생들의 학습과정에 일정 기간의 전통과정 이수와 체험을 필수로 지정하고 있는데 우리나라는 부족한 실정"이라며 "초·중·고교 학습과정에 해마다 봄·여름·가을로 3회 이상 농촌을 방문해 전통을 배우고 경험하도록 제도화해야 한다"고 주장했다.

"공장식 장의 시중 가격이 전통 장의 4분의 1에 불과해 시장에서의 경쟁이 불가능한 여건"이라는 최 대표는 "장 발효 과정에서 획득한 노하우를 바탕으로 발효식품을 만들고, 깨끗한 자연을 활용하는 여가시설을 늘려 마을에 더욱 많은 사람들이 오게 하겠다"고 말했다.

우리 마을 자원

{순창 고추장 시원지 천년 고찰 만일사}

무학대사가 1만 일 동안 기도를 드렸던 곳이라 해서 만일사라는 이름이 붙었다. 고추장 익는 마을 체험관에서 200m 위에 있다. 경사가 심해 직접 오를 수는 없고 마을을 둘러 올라가야 한다. 순창의 명소를 걷는 호정소 둘레길이 이곳을 지나 회문산 자연휴양림으로 이어진다. 만일사에 오르면 순창 고추장 시원지 전시관이 있다. 전시관 앞에는 순창 고추장 항아리가 50여 개 있다. 장독대에서 내려다보는 첩첩산중의 전경이 고추장만큼이나 짜릿한 감흥을 준다.

{순창 고추장이 맛있게 익어가는 자연}

국내 고추장 시장을 주름잡는 순창은 고추장에 얽힌 이야기뿐만 아니라 고추장을 잘 익게 하는 자연을 갖추고 있다. 고추장 익는 마을은 회문산 자락 가장 깊은 골짜기에 있다. 마을 앞을 지나는 금천천은 섬진강의 최상류 발원지이기도 하다. 오염되지 않은 맑은 물과 청정하고 아름다운 자연은 최고 품질의 고추장을 만드는 비결이다.

{주민들 얼굴 닮은 항아리 공예품}

고추장 익는 마을 체험관 곳곳에는 자연환경과 잘 어울리는 항아리 공예품이 전시돼 있다. 영농조합법인의 대표를 맡고 있는 최광식 촌장이 직접 만든 작품들이다.
전통 고추장을 만드는 마을의 이미지를 형상화하기 위한 작품이지만 그 모델은 마을에 사는 주민들이란다. 자연에 순응하며 사는 지역 주민들의 모습을 닮은 듯 작품마다 서로 다른 모습을 하고 있다. 10년 전부터 항아리 작품을 만들고 있는 최 촌장은 모양과 크기가 다른 다양한 작품을 계속 만들어갈 생각이다.

테마가 있는 마을 여행

1. 8월 한여름에 메주 띄우는 순창 고추장 담그기

보통 음력 10월에 메주를 쑤고 띄우지만 순창에서는 무더위가 한창인 8월에 메주를 띄운다. 도넛 모양의 고추장 메주를 따로 만드는데 이것이 전통 순창 고추장의 맛을 차별화하는 요인이다. 고추장 익는 마을에서는 오래전부터 내려오는 전통방식을 그대로 살려 무쇠솥에 콩을 삶아 도넛 모양의 메주를 띄우고 그걸 이용해서 전통 고추장을 만드는 체험을 한다.

2. 맛깔스러운 순창 고추장 음식 체험

우수농어촌식생활체험공간 제17호로 지정받은 고추장 익는 마을에서는 고추장을 이용한 다양한 음식 체험 프로그램을 제공한다. 1년간 잘 숙성한 고추장을 듬뿍 넣고 마을에서 생산하는 싱싱한 채소와 나물을 넣어 비벼 먹는 순창 고추장 비빔밥, 외국인들이 특히 좋아하는 즉석 떡볶이, 무제한 제공하는 고추장 불고기 등 고추장을 주재료로 맛을 내는 음식을 직접 만들어 먹을 수 있다.

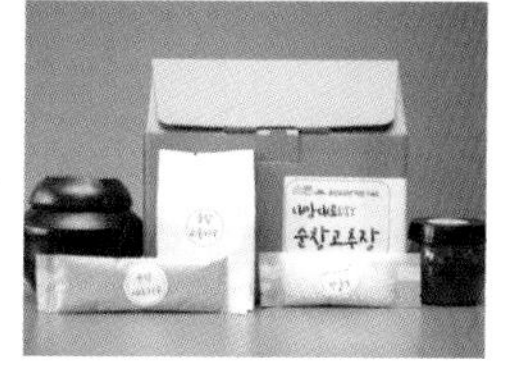

3. 집에서 만들어보는 나만의(DYI) 순창 고추장

고추장 담그는 방법을 잊은 도시민들이 쉽게 전통 고추장을 담가볼 수 있도록 만든 아이디어 상품이다. 가정에서 전통 고추장을 만들어보게 하자는 의도로 개발했다.

■ 전통 장 담그기, 국가 무형 문화재 등재

우리 전통 음식 문화의 결정체인 전통 장 담그기가 국가 무형 문화재로 등재됐다. 문화재청은 콩을 발효하는 과정을 통해 만들어지는 '장(醬) 담그기'를 국가 무형 문화재 제137호로 지정했다. 장 담그기는 콩으로 만드는 식품인 장 자체를 넘어, 재료를 직접 준비해서 장을 만들고 발효하는 전반적인 과정을 포괄하는 개념을 담고 있다.

콩을 발효해서 먹는 두장(豆醬) 문화권에 속하는 우리나라의 장 담그기 역사는 신라 시대까지 거슬러 올라간다. '삼국사기'에는 683년 신문왕이 왕비를 맞이하며 받은 예물 가운데 장이 포함됐다는 기록이 있다. 조선 시대에는 왕실에 장을 따로 보관하는 장고(醬庫)를 두고 장고마마라 불리는 상궁이 장을 담그고 관리했다.

우리 민족의 역사와 같이 해온 장 담그기 문화는 전통적으로 식생활에서 중요한 위치를 차지해왔다. 콩을 재배하고, 메주를 만들고, 장을 만들고, 장을 가르고, 장을 숙성·발효하는 과정은 우리의 장 담그기 문화만이 가진 특징이다.

新성장 6차 산업 지침서

농촌마을, 사람이 모이게 하라

초판 발행일 2019년 11월 15일
2쇄 발행일 2021년 12월 30일

지은이 김용기
펴낸이 이성희
책임편집 하승봉
기획 · 제작 김명신 김재완 이혜인
디자인 박종희
인쇄 삼보아트

펴낸곳 농민신문사
출판등록 제25100-2017-000077호
주소 서울시 서대문구 독립문로 59
홈페이지 http://www.nongmin.com
전화 02-3703-6136, 6097
팩스 02-3703-6213

ISBN 978-89-7947-170-0 (03980)
잘못된 책은 바꾸어 드립니다. 책값은 뒤표지에 있습니다.

이 도서의 국립중앙도서관 출판예정도서목록(CIP)은 서지정보유통지원시스템 홈페이지(http://seoji.nl.go.kr)와
국가자료종합목록 구축시스템(http://kolis-net.nl.go.kr)에서 이용하실 수 있습니다.
(CIP제어번호 : CIP2019044747)